U0657951

电力营销

工作要点及案例解析

DIANLI YINGXIAO
GONGZUO YAODIAN
JI ANLI JIEXI

杨于瑶 编

中国电力出版社
CHINA ELECTRIC POWER PRESS

内 容 提 要

为使读者了解和正确掌握电力营销工作各项业务知识，规范营销管理工作，编者结合电力营销各项业务实际发生的案例，对电力营销业务进行了梳理和归类，编撰完成了此书。

本书共分六章，所涉业务包括业扩报装、抄核收、用电检查、线损管理、客户服务及营销其他业务。全书按照各部分工作要点、工作技巧，结合案例，从知识点逐渐过渡到案例分析，读者可根据自身需要进行学习。

本书可供电力营销各项业务相关管理及技术人员学习，也可供社会各界人士参考阅读。

图书在版编目(CIP)数据

电力营销工作要点及案例解析/杨于瑶编. —北京：中国电力出版社，2016.2（2022.11重印）

ISBN 978-7-5123-8738-6

Ⅰ.①电… Ⅱ.①杨… Ⅲ.①电力工业-市场营销学 Ⅳ.①F407.615

中国版本图书馆 CIP 数据核字(2016)第 004675 号

中国电力出版社出版、发行

（北京市东城区北京站西街 19 号　100005　http://www.cepp.sgcc.com.cn）

三河市百盛印装有限公司印刷

各地新华书店经售

*

2016 年 2 月第一版　　2022 年 11 月北京第四次印刷

850 毫米×1168 毫米　32 开本　4 印张　89 千字

印数 2801—3300 册　定价　**18.00 元**

　　电力营销作为供电企业的主营业务，其重要性以及对供电企业发展所起的作用不言而喻。目前，电力经营环境日趋复杂，供电企业面临的风险也在不断增多，如政策执行的偏颇、服务投诉的问题、线损管理的漏洞等，都是制约电力发展的主要瓶颈。那么，作为供电企业的营销工作者，如何搞好本职工作，如何在工作中堵塞漏洞，如何预防里勾外联事件的发生，如何形成长期有效的监督机制，都是供电管理人员应该长期考虑的实际问题。

　　为了适应新形势，编者围绕电力营销一线各项业务实际案例，通过阐述要点，解析案例，让读者对目前电力营销工作有一个综合性认识。本书涵盖电力营销全部业务，共分六章，主要有业扩报装、抄核收、用电检查、线损管理、客户服务以及营销其他业务内容。每个章节的设置先是阐述各项业务要点及各项业务易出现的错误，然后通过对实际案例的解析，将每一项工作要点呈现出来，以方便读者根据自身的需要有选择性地阅读。

　　本书是一本电力营销人员工作的工具书，融实用性、政策性、知识性于一体，知识点多、内容丰富充实，实践性、针对性、可读性较强，对于业扩报装人员、用电检查人员、电力客户服务人员、抄核收人员、线损管理人员、小电厂管理人员等进一步学习、理解和掌握电力营销工作各项业务是很有帮助的。同时，广大电力客户也可从本书中学习和了解到电力营销的工作内容。

在本书的编撰过程中，责任编辑提出了非常宝贵的意见，从而使原书繁杂无序的内容变得更加清晰明朗。在此，表示诚挚的谢意。

限于编者水平，书中不妥或疏漏之处在所难免，敬请读者批评指正。

编　者

2015 年 8 月

目录

前言

第一章

业扩报装工作要点及案例解析

第一节 业 务 受 理

一、业务受理要点

（1）受理客户申请时，要履行一次性告知业务，并向客户发放新业务办理告知书。

（2）根据客户提供的内容，受理人员直接打印生成用电登记表和设备清单，由客户签字确认。

（3）审核客户用电申请资料与相关业务规定是否相符。

（4）审核客户用电申请书的填写是否清晰、正确、完整。

（5）辨识有关证件或证明材料，如营业执照、机构组织代码、环保文件、立项文件等的真伪性和时效性。

（6）审核办理变更用电客户是否存在欠电费情况，是否存在其他用电业务尚未办理完毕的情况。

（7）审核新建或改建项目地址上原有客户是否已办理销户手续。

（8）审核有关业务费用是否已收取。

（9）审核客户是否委托他人代为办理用电业务。

（10）核对工商营业执照是否做到"四个一致"，即工商营业执照上所载经营范围与执行电价类别是否一致，经营场所与用电地址是否一致，名称与报装名称是否一致，法定代表人的姓名与身份证复印件是否一致等。

（11）查验客户资料是否齐全，申请单信息是否完整。

（12）对于具有非线性负荷并可能影响供电质量或电网安全运行的客户，应书面告知客户要委托有资质的单位开展电能质量评估工作，并提交初步治理技术方案。

（13）受理客户用电申请后，应在一个工作日内将相关资料转至下一个流程相关部门。

二、业务受理易出现的错误

（1）新装客户资料不全，不告知客户补充完善相关资料而送电。

（2）将客户资料输入营销管理信息系统时，不按营业执照上的规范名称进行填写。

（3）客户申请办理新装、暂停、减容等用电业务，受理人员不及时将客户信息、变更信息录入营销管理信息系统，导致计费环节出错。

（4）受理客户用电业务后，不按规定时限及时将客户信息录入营销管理信息系统，或者录入的时限与纸质时限不符。

（5）将客户用电信息录入营销管理信息系统时，简化客户用电信息或错录用电信息，导致下一个环节的现场勘查人员认知不清，造成计费不准确。

（6）对高危及重要客户资料审核把关不严，造成安全隐患。

三、业务受理典型问题案例解析

案例 1-1 新装客户资料不完整

××钢铁有限公司，客户档案资料显示该户系新装用电客户，档案资料中该户无正式环境评估报告，无正式政府立项批文。

解析： 高压新装（增容）用电申请时，客户必须提供政府部门立项（核准、备案）批复文件、用地批复、环保许可等资料。业扩报装手续优化后，规定虽然说明这些资料可以在设计审查时再提报，但是针对高危客户、重要客户和产能过剩行业，若无核准和备案文件，不得办理任何用电业务。上述案例的用电客户系重要客户，所以作为营销首要环节的业务受理人员，在受理客户用电申请时，对于该客户资料欠缺，应告知客户必须补充完善相关资料，否则不予报装。该案例反映出业务受理人员把关不严，为企业安全管理留下隐患。

相关知识链接

南方电网有限责任公司规定受理环节客户在申请用电时应提供的资料

（1）容量在 315kVA 及以上的客户：政府部门立项（核准、备案）批复文件、用地批复、环保许可等资料；企业法人营业执照、组织机构代码证、委托代理人办理业务证明、法定代表人或委托代理人居民身份证及复印件、事业单位法人证书；地理位置图和用电区域平面图以及用电地址物业权属证明材料；建筑总平面图、近期及远期用电容量、用电设备明细表、用电性质及保安电源容量或多电源需求情况；用电工程计划开工、竣工时间和计划生产用电时间；属煤矿和非煤矿山的客户，还需提供"五证"（采矿许可证、煤炭生产许可证、安全生产许可证、矿长安全生产许可资格证、矿长资格证）；属易燃易爆化工项目的客户，应提供危险品安全生产、运输许可证；采石场（矿）客户，应提供地州（市）级及以上安监局审查批准的采石场（矿）开采方案或初步设计文件、采矿许可证、安全生产许可证、爆炸物品使用许可证。

（2）容量在 315kVA 以下、供电电压为 10（6）kV 的客户：除政府立项批复、用地批复、环保许可等资料可视情况而定外，其余所需资料同容量在 315kVA 及以上大客户需提供的申请材料。

（3）由 380V 或 220V 电压等级供电的非居民客户：用电地址物业权属证明材料；营业执照或组织机构代码证复印件；属于租赁房屋的，应提供租赁协议、租赁方身份证及复印件。

（4）由 380V 或 220V 电压等级供电的居民客户：用电地址物业权属证明材料，申请人居民身份证原件及复印件，经办人居民身份证原件及复印件、委托书。

（5）新建住宅小区：建设工程规划许可证、建设工程施工许可证以及小区立项批复、用地批复；企业法人营业执照、组织机构代码证、委托代理人办理业务证明、法定代表人或委托代理人居民身份证（复印件留存）；规划红线图，建筑总平面图、用电负荷特性说明、用电设备明细表、近期及远期用电容量。

国家电网公司规定受理环节客户在申请用电时应提供的资料

1. 居民一户一表新装（增容）用电申请时应提供的资料

（1）客户有效身份证明。

（2）居民客户、个体工商户房屋产权证明（复印件）或其他证明文书。

2. 低压非居民新装（增容）用电申请时应提供的资料

（1）客户报装申请（原件）。

（2）客户有效身份证明。

（3）居民客户、个体工商户房屋产权证明（复印件）或其他证明文书。

原受理申请时需客户提交的资料优化后可视情况存档的：

（1）企业、工商、事业单位、社会团体的申请用电委托办理人办理时，应提供：

1）授权委托书或单位介绍信（原件）。

2）经办人有效身份证明。

（2）主要电气设备清单、影响电能质量的用电设备清单。

（3）对涉及国家优待电价的，应提供政府有权部门核发的资质证明和工艺流程。

3. 高压新装（增容）用电申请时应提供的资料

（1）客户报装申请（原件）（内容包括客户名称、工程项目名称、用电地点、项目性质、申请容量、所属行业及主要产品、供电时间要求、联系人和联系电话等）。

（2）主要电气设备清单、影响电能质量的用电设备清单。

（3）环境评估报告（该资料也可在设计审查时提报）。

（4）安全许可证复印件（该资料也可在设计审查时提报）。

原受理申请时需客户提交的资料优化后可视情况存档的：

（1）客户有效身份证明（该资料也可在设计审查时提报）。

（2）企业、工商、事业单位、社会团体的申请用电委托办理人办理时，应提供：

1）授权委托书或单位介绍信（原件）。

2）经办人有效身份证明。

（3）主要电气设备清单、影响电能质量的用电设备清单（该资料也可在设计审查时提报）。

（4）项目可行性研究报告（该资料也可在设计审查时提报）。

（5）对涉及国家优待电价的，应提供政府有权部门核发的资质证明和工艺流程。

案例 1-2 纸质档案资料与营销管理信息系统时间信息不一致

新装客户××有限公司、××精品酒店、××敬老院，业扩报装纸质资料与营销管理信息系统资料不相符，业扩报装进程信息不一致，即××有限公司供电方案纸质答复单签发日期为 2014 年 8 月 20 日，营销管理信息系统答复时间为 2014 年 10 月 14 日；纸质设计文件受理申请时间为 2014 年 8 月 30 日，营销管理信息系统设计文件受理时间为 2014 年 10 月 14 日；纸质客户受电工程竣工检验申请表受理时间为 2014 年 10 月 23 日，营销管理信息系统竣工报验时间为 2014 年 11 月 12 日；纸质客户受电工程竣工验收时间为 2014 年 10 月 24 日，营销管理信息系统竣工验收时间为 2014 年 11 月 22 日。

解析：业务受理时限要求，所有客户申请均实行当日受理，当日录入营销管理信息系统。上述案例反映出该供电公司没有形成纸质资料、营销管理信息系统双轨报装监督制度。

相关知识链接

国家电网公司规定：低压居民客户，实行"当日受理、次日接电"服务，即受理申请当日录入营销管理信息系统，次日完成勘查和接电。低压非居民客户，实行"当日受理，7 个工作日接电"服务，即受理当日录入营销管理信息系统，次日进行现场勘查并答复方案，受理申请后 7 个工作日内完成装表接电，其中无外线工程的，受理后 3 个工作日内完成装表接电。

案例 1-3 已送电客户未及时录入营销管理信息系统

××钢铁有限公司，营销管理信息系统显示该客户受电设备

总容量为 $2×630kVA$，电价方案反映其执行 $1～10kV$ 一般大工业电价，业扩工单显示送电日期为 2013 年 3 月 23 日，核查该客户竣工送电纸质资料，客户受电工程竣工验收单显示该客户送电日期为 2013 年 3 月 22 日，确定漏计 1 天基本电费，即 $1260÷30×25＝1050$ 元。

解析：业务受理时限要求，所有客户申请均实行当日受理，当日录入营销管理信息系统。纸质工单信息、时间，现场用电情况、时间，系统信息、时间，三者都应保持一致性。上述案例由于业务受理人员未及时将该客户用电信息录入系统，导致基本电费少计。

相关知识链接

《供电营业规则》第八十四条规定：基本电费以月计算，但新装、增容、变更与终止用电当月的基本电费，可按实用天数（日用电不足 24 小时的，按一天计算）每日按全月基本电费的三十分之一计算。事故停电、检修停电、计划限电不扣减基本电费。

案例 1-4　已送电客户营销管理信息系统无档案

××客服中心业务受理人员 2014 年 12 月 21 日受理××能源发展有限公司客户用电申请，2014 年 12 月 18 日勘查，纸质档案显示 2014 年 12 月 29 日验收合格送电，核查营销管理信息系统无该客户档案。

解析：业务受理人员负责接受客户用电申请，审查客户各项手续、填写的内容，当审核手续齐全、完整后，应及时将相关信息准确录入营销管理信息系统。上述案例中，受理时间与现场勘查时间前后倒置，对已经送电的客户，营销管理信息系统却没有该客户档案，暴露出该供电公司营销管理存在严重疏漏，有关规章制度执行不严格。

案例 1-5　立项批复容量与计费容量不符

××有限责任公司，××发展〔20××〕15××号文件《关于××牵引变电站供电方案的批复》批复该客户总容量为64 000kVA，20××年9月7日申请新装总容量为72 000kVA，营销管理信息系统显示容量为72 000kVA。

解析： 政府部门立项（核准、备案）批复文件是电力建设的依据。作为供电部门，应严格按照政府部门立项批复文件内容执行。所以，业务受理人员在进行信息录入和资料审核时，一定要确保立项文件的内容、用电工作传票、客户用电现场、供用电合同、营销管理信息系统客户计费信息的一致性。上述案例中，客户申请的容量、计费容量与政府批复容量存在差异，该问题既影响电费数据的真实性，又影响文件的有效执行力。

案例 1-6　客户签章与营销管理信息系统名称不符

高压新装、增容用电申请表中填写的客户名称及客户签章为××电气化局集团××工程有限公司，营销管理信息系统客户名称显示却为××铁路股份有限公司××供电段。

解析： 客户申请用电时，所填写的客户名称应根据居民身份证（居民客户）或营业执照上的法人名称（非居民客户、大工业客户）来填写，同时，客户用电申请表上所盖的名章也应与营业执照上的法人名称保持一致。上述案例中，对同一客户名称，业务受理人员填写不一致，暴露出业务受理人员工作粗心大意，同时反映出该供电公司内控管理执行不到位。

案例 1-7 用电工作传票客户名称与营销管理信息系统客户名称不符

××用电工作传票标注户××化肥厂更换电流互感器，营销管理信息系统显示该客户户名为××肥业有限公司。

解析： 客户申请办理用电业务时，业务受理人员一定要根据客户标准名称进行填写。上述案例中，业务受理人员在填写用电工作传票时，未按规范填写名称，显然违背了业务受理相关规定。

案例 1-8 营销管理信息系统工单日期与纸质工单日期不一致

某市××居民，营销管理信息系统工单反映该户于 2013 年 5 月 23 日受理，受理纸质工单显示受理日期为 2013 年 5 月 14 日。

解析： 按照规定，对于低压居民用电，当受理申请后，对于具备直接装表条件的，2 个工作日内完成送电。上述纸质工单所填写的受理时间与营销管理信息系统受理时间不一致，一方面，容易造成客户投诉事件；另一方面，若是执行两部制电价的客户，会造成基本电费漏计。

案例 1-9 营销管理信息系统容量与用电工作传票容量不符

××有限公司，营销管理信息系统反映该客户变压器（2 台）容量为 $1 \times 3600kVA + 1 \times 315kVA$，20150000218 号用电工作传票反映该客户的用电容量为 $2 \times 4000kVA$，两者不一致。

解析： 实际工作当中，当客户发生新装，或者发生变更用电时，业务受理人员应根据变更情况及时更改营销管理信息系统中客户信息，即确保供用电合同、用电工作传票、营销管理信息系统所有数据一致。上述案例中，营销管理信息系统容量与业务人员填写的用电工作传票上的容量不符，暴露出该供电公司营销管理不严格，业务受理环节执行不严肃。

为了确保纸质工单所填写的时间、客户信息与营销管理信息系统内容保持一致，一定要将纸质工单信息与营销管理信息系统对应起来填写，而且各项信息应填写齐全。

案例 1-10 无启封工单计费

××有限公司，营销管理信息系统反映该客户变压器容量为 $1\times500kVA+1\times400kVA=900kVA$，2013 年 4 月 23 日办理暂停，未见启封工单，但 2014 年 10 月营销管理信息系统仍有电量电费发生。

解析： 上述案例暴露出该供电公司营销管理缺乏内控机制，对办理暂停的客户不按规定时限启封，可能使当期的计费出现错误。

案例 1-11 设备实际变比与营销管理信息系统变比不符

××洗沙厂，高压组合开关示意图反映该客户高压计量柜变比为40/5，营销管理信息系统反映该户计费变比为 20/5。

解析： 业务受理作业规范规定："业扩受理人员应查验客户资料，及时、准确地将客户信息录入营销管理信息系统"。上述案例中，设备示意图的实际倍率与计费倍率不符，暴露出相关人员责任心不强，未及时核实信息，同时也说明相关部门检查力度不够，没有认真进行用电检查工作，对错误信息没有及时纠正。

案例 1-12 高危及重要客户无规定单位核准单

××煤业有限公司系煤矿新装客户，业扩档案中无该省公司"煤矿新装增容用电报装核准单"。

解析： 对高危及重要客户，尤其是煤矿用电客户，当客户申请用电时，按规定要求必须取得省级及以上行政主管部门关于煤矿建设的项目核准文件、关于安全设施设计审核批复文件等。该供电公司受理其报装用电业务后违规送电，给供电企业安全管理造成了巨大风险，说明该供电公司规范经营意识淡薄，对高危行业的安全缺乏足够重视。

案例 1-13 输入营销管理信息系统型号错误

2013 年 1 月 1 日，××棉麻厂到××供电公司申请用电，变压器型号为 S9，业务受理人员在输入营销管理信息系统时，错将型号输为 SG7。由于该客户采取高供低计的计量方式，导致该客户在 2013 年多计电量近 30 000kWh。

解析：业务受理作业规范规定，"业务受理人员应及时、准确地将客户信息录入营销管理信息系统"。业务受理是业扩工作的源头，其每一个数据都直接影响着计费的准确性。上述案例中，由于受理人员粗心大意，导致计费信息错误，暴露出该供电公司营销管理内控不严密，相关责任人责任心不强。

业务受理技巧

（1）巧妙掌握政策，既能及时甄别证件的真伪，又能做到环环相符。

（2）各类客户申请用电时所需提供的资料符合规定。

（3）根据优化后的规定灵活掌握。

（4）掌握政策，及时认真负责地完成受理业务。

第二节　现　场　勘　查

一、现场勘查要点

（1）现场勘查时，应重点核实客户负荷性质、用电容量、用电类别等信息，结合现场供电条件，初步确定供电电源、供电方式、计量和计费方案。

1）根据客户用电报装的有关信息资料，核实、了解客户现场情况、用电规模、用电性质以及负荷等级、该区域电网结构，进行供电可行性和合理性调查。协助增容客户根据原有负荷、原有电量、发展状况，确认增加容量大小的合理性。新建住宅供配电设施项目应现场调查小区规划，初步确定供电电源、供电线路、配电变压器分布位置、低压线缆路径等。

2）初步确定供电电源点名称、开关编号：供电变电站名称、电压等级、线路名称、T接点杆号、电缆分接箱（环网开关）的编号、供电台区等。

3）核实供电线路运行情况：供电变电站主变压器容量、目前运行最大电流、线路允许载流量和最大运行电流、电流互感器变比、导线或出线电缆型号、线径、长度等。

4）界定产权分界、资产权属及维护责任，以及自备应急电源的配置。

5）确定计量方案和计费方案。

6）用电资质审核。

（2）因项目暂不具备供电条件的，应在勘查意见中说明原因，并向客户做好解释工作。

（3）勘查中发现客户存在违约用电、窃电嫌疑等异常情况时，勘查人员应保护好现场记录，及时报送用电检查部门，并暂缓办理该客户用电业务，在违约用电、窃电嫌疑排查并处理完毕后，重新启动业扩报装流程。

（4）具备供电条件的，应根据现场勘查结果、电网规划、用电需求及当地供电条件因素，经过技术经济比较、与客户协商一致后，提出初步供电方案。

二、现场勘查易出现的错误

（1）现场勘查信息不详细或者不清，造成后续供电方案编制不合理。

（2）在勘查单上，对现场勘查的信息填写不完整。

（3）不按规定要求的人数进行现场勘查，或参加现场勘查的人员不在纸质勘查单上签字。

（4）未在规定时限内进行现场勘查。

三、现场勘查典型问题案例解析

案例 1-14　单人进入现场勘查

××洗沙厂，业扩现场勘查工作单中显示勘查人员为×××，无其他人员会同勘查；客户受电工程中间检查申请表无申请检查内容；用电工作票无用电类别；无计量设备加封标志；无现场负责人签字；无客户回访表单。

解析：现场勘查管理规定："用电业务受理后，负责现场勘查人员根据客户用电申请信息、地理信息，牵头组织现场勘查。开展现场勘查工作不得少于两人。必要时由营销部门组织生产、计划、基建等相关部门到现场勘查，填写现场勘查工作单，参加人员按各自职责审核签字。"上述案例暴露出该供电公司业扩管理工作粗放，依法经营意识淡薄，忽视相关法律法规，致使电力企业在经营过程中存在风险和安全隐患。

案例 1-15　现场勘查工作单信息填写不全

××有限责任公司，业扩现场勘查工作单的勘查内容、勘查意见、勘查人等内容均为空白。

解析：现场勘查结束后，勘查人员应将勘查信息完整地填写到勘查工作单上，同时勘查信息应齐全、准确，内容涵盖用电类别、供电容量、供电电源、供电方式、进线位置、计量方式等。上述案例反映出该公司勘查人员责任心不强、工作马虎，同时也暴露出相关部门监管不到位，为后期供电方案的制订埋下了隐患。

案例 1-16　现场勘查工作单填写不完整

××科技开发有限公司，现场勘查工作单中接入方案、产权分界点、客户受电方案等具体内容填写不完整。

解析：现场勘查的目的就是要重点核实客户负荷性质、用电容量、用电类别等信息，初步确定供电电源、计量、计费方案。现场勘查工作单信息填写不完整，会对下一步供电方案的制订准确与否带来风险，暴露出该供电公司现场勘查疏于监管，管理控制上形成了"真空"。

案例 1-17　未按规定时限进行现场勘查

××粮油有限公司系高压新装客户，现场勘查申请表显示该客户勘查受理日期为 201× 年 8 月 1 日，营销管理信息系统显示该客户现场勘查日期为 201× 年 11 月 3 日。

解析：业扩报装时限规定："对高压客户，当受理客户用电申请后，2 个工作日内完成现场勘查。对低压居民客户，次日（遇法定节假日延顺）完成现场勘查。对低压非居民客户，次日（遇法定节假日延顺）完成现场勘查。对分布式电源客户，2 个工作日内完成现场勘查。对充换电设施客户，低压客户次日完成现场勘查，高压客户 2 个工作日内完成现场勘查。"上述案例中，该供电公司现场勘查人员未按规定时限及时完成勘查任务，会导致客户投诉风险，也会影响到市场开拓问题。

案例 1-18　现场勘查的用电类别与营销管理信息系统执行的电价类别不一致

某客户现场用电类别包括车间用电、办公楼用电、居民生活区、商业区，以及小型加工厂，营销管理信息系统反映该客户执行的电价类别为1~10kV一般大工业和一般工商业两种。

解析：不同电价类别对应的是不同的用电性质。该案例中的用电类别包括居民生活用电、一般大工业用电，以及一般工商业下的商业用电、非居民照明用电、普通工业用电。所以，拟定的电价类别中应包括居民生活、一般大工业，一般工商业（商业）、一般工商业（非居民照明）、一般工商业（普通工业）五种电价类别。虽然一般工商业（商业）、一般工商业（非居民照明）、一般工商业（普通工业）是一个电价系列，但是由于供电公司内部核算的需要，不同的电价类别都应分别列出。

案例 1-19　现场勘查不清导致计费信息错误（见图1-1）

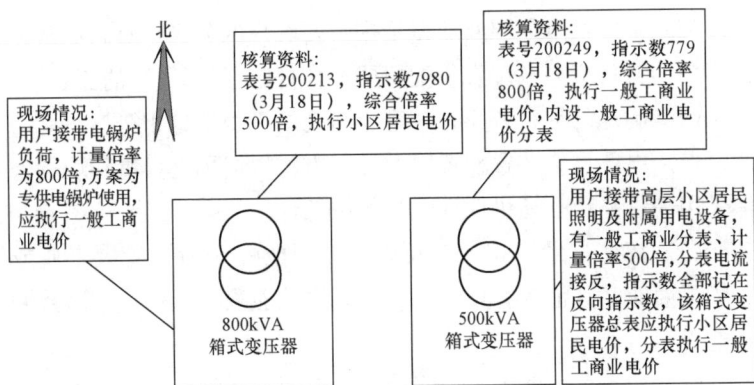

图 1-1　现场勘查不清导致计费信息错误示例

解析：现场勘查的目的是为供电方案的制订打基础。上述案例中，接带电锅炉的负荷在营销管理信息系统中执行小区居民电价，而接带小区居民用电设备的负荷在营销管理信息系统中执行一般工商业电价，两者错位将使该客户电费计算结果完全错误。一方面反映出该现场勘查人员责任心不强；另一方面也暴露出该供电公司对该项工作疏于管理，要求不严，监督不力。

第三节　供电方案制订

一、供电方案制订要点

（1）确定供电方式和受电方式时，要综合考虑电网条件以及客户的用电容量、用电性质、用电时间、用电负荷重要程度等各种因素。根据客户用电容量，结合实际确定电源线的选择：使用专用线路、专用变压器，还是公用变压器（混合用变压器）。

（2）确定受电设备，根据用电容量考虑采用配电室、箱式变压器还是柱上变压器。

（3）确定供电电源及数量根据重要客户的分级，对高危及重要客户的自备应急电源容量配置要符合规定（120％）的要求。

（4）确定的计费方案，一定要与现场勘查信息相符。

（5）电能计量装置配置以及计量方式根据用电容量和现场条件采用高供高计、高供低计或是低供低计。

（6）装见容量 100kVA 及以上，用电性质为一般大工业或一般工商业及其他的客户，必须安装多功能表，执行功率因数调整电费。

（7）如有自备电源，须明确系统备用费缴纳事宜；如为多电源，须明确高可靠性费用。

（8）明确划分供电设施产权分界、资产权属及维护责任，以及供电方案的有效期。

（9）明确告之客户受电工程的设计、施工、试验均由客户自行委托具备相应资质的单位实施。

（10）客户受电工程所选用的设备、材料，必须是经国家质量监督部门认证的合格产品，设备材料供应由客户自行选择。

（11）无法按照供电方案开展工作时，需重新制订供电方案，不得私自更改供电方案。

（12）向客户提供电子化移交资料模版、下一环节需要注意的事项等。

二、供电方案制订易出现的错误

（1）对新装客户供电电压等级认知不清，造成电价执行错误。

（2）制订的电价方案与现场实际情况不符。

（3）对功率因数执行标准认知不清，导致标准设置错误。

（4）未严格按照公式要求进行互感器配置。

（5）未严格按照规定时限制订供电方案。

（6）供电方案纸质档案时间与营销管理信息系统时间不一致。

三、供电方案制订典型问题案例解析

案例 1-20　电流互感器倍率配置不合理

××建材有限公司，营销管理信息系统反映该客户变压器容量为 200kVA，客户档案信息中的计费倍率显示为 40。

解析：根据计量装置配置公式，该客户应配置的电流互感器的电流 $I = 200 / (1.732 \times 0.38) = 300A$，即应配置倍率为 $300 / 5 = 60$ 的电流互感器。上述案例中，业务人员配置互感器的倍率错误，反映出该供电公司业扩人员业务不娴熟，而营销业务又缺乏相应的复核机制，造成计费信息不准确。

案例 1-21　电压等级设置错误

××化工股份有限公司，供用电合同反映该客户以 110kV 电压等级供电，主表执行的电压等级为 110kV，营销管理信息系统显示该客户二级套表（磷肥生产车间的用电），电价执行的电压等级为 35～110kV。

解析：客户执行何种电压等级，是根据客户从电力系统一次侧的引出线电源电压的等级而设定，也就是当主表执行的电压等级为 110kV 时，那么其下面的套表，也就是子表部分，执行的电压等级也相应为 110kV。对居民、非居民部分，当销售电价表中不存在 110kV 时，按最高一级电压等级执行。上述案例暴露出该供电公司业务人员不熟悉电力系统一次知识，其内部管理环节又不能做到环环相扣，其问题令人发省。

案例 1-22　无依据执行合表电价

××电力小区，营销管理信息系统反映该小区部分客户执行不满 1kV 合表居民生活电价，另有 131 户不执行合表居民生活电价。

解析：电价方案制订，依据现场计量以及电价类别来确定。上述案例对同一小区用电客户没有任何依据执行两种电价类别显然是错误的。该案例暴露出相关人员在电价执行政策上太随意，应引以为戒。

案例 1-23　非居民照明客户执行合表电价

××村路灯、××乡人民政府办公用电，营销管理信息系统反映执行电价类别为合表居民电价，2014 年总用电量为 5.64 万 kWh，累计少计电费 1.26 万元。

解析：电价方案制订，依据现场用电性质确定。路灯用电、政府部门用电，按照用电性质应执行非居民照明电价。上述案例暴露出该供电公司电价执行不严格，工作人员合规经营意识淡薄。

相关知识链接

一般工商业用电

非居民照明用电：除居民生活用电、商业用电、大工业客户生产车间照明以外的照明用电，以及空调、电热（不包括基建施工照明、地下铁路照明、地下防控照明、防汛临时照明）等用电或者用电设备总容量不足3kW的动力用电等。例如，铁路、航运等信号灯用电，机关、部队、路灯、高速公路办公区照明用电，隧道照明用电，凡使用省级财政部门统一印（监）制收费票据的政府还贷公路收费用电等

商业服务业用电：凡从事商品交换或提供商业性、金融性、服务型的有偿服务所需电力

普通工业用电：凡以电为原动力，或以冶炼、烘焙、熔焊、电解、电化的一切工业生产，其受电容量不足320（315）kVA或低压受电，以及在上述容量、受电电压以内的各项用电

非普工业用电：凡以电为原动力，或以冶炼、烘焙、熔焊、电解、电化的试验和非工业性生产，其总容量在3kW及以上者

案例 1-24 农业生产用电功率因数标准执行错误

××生态农业公司，营销管理信息系统反映该客户变压器容量为100kVA，执行农业1～10kV电价类别，功率因数考核标准执行为0.85。

解析：功率因数调整标准规定："100kVA（kW）及以上的

农业用电户，应安装无功表，执行 0.80 功率因数标准。"上述案例暴露出该供电公司相关人员业务不娴熟，对功率因数标准执行错误，导致计费错误。

案例 1-25 商业用电功率因数标准执行错误

××酒家，营销管理信息系统显示该客户变压器容量为 200kVA，执行的电价类别为一般工商业下的商业电价，功率因数标准为 0.90。

解析：功率因数调整标准规定："160 kVA（kW）以上的高压供电工业客户，装有带负荷调整装置的高压供电电力客户和 320 kVA 及以上的高压供电电力排灌站，应安装无功表，执行 0.90 功率因数标准。100 kVA（kW）及以上的其他工业用电户、非工业用电户、电力排灌站应安装无功表，执行 0.85 功率因数标准。"上述案例中，××酒家显然不属于工业客户，所以应执行的功率因数标准为 0.85。

案例 1-26 普通工业用电功率因数标准执行错误

××公司，营销管理信息系统反映该户变压器容量为 200kVA，执行的电价类别为一般工商业下的普通工业电价，营销管理信息系统显示未执行功率因数调整电费。

解析：功率因数调整标准规定："100kVA（kW）及以上用电客户除居民照明电价外，其余应根据各自用电性质分别执行 0.80、0.85、0.90 功率因数调整标准。"

功率因数执行标准技巧

功率因数执行标准的几个关键点：

（1）容量。100kVA（kW）及以上的用电客户才执行功率因数调整电费。

（2）与用电性质有关。农业用电户是 0.80，高压供电工业户是 0.90。

备注：高压供电的额定电压为 10、35（66）、110、220kV。其他不是工业客户，且变压器容量在 160kVA（kW）及以下的，执行的功率因数标准为 0.85。

案例 1-27　业务时限造假

××肥业有限公司系新装用电客户，申请变压器容量为 3150kVA，业扩档案纸质工单反映该客户业务受理、供电方案制订、计量方案及电价方案核准单同为 2014 年 4 月 1 日，营销管理信息系统反映同为 2014 年 5 月 6 日。

解析： 根据上述案例描述，××肥业有限公司为高压客户用电。按照业务时限要求，该客户在 2 个工作日内完成现场勘查，15 个工作日内答复供电方案（双电源 30 个工作日）。上述案例中，当天受理，当天就制订好供电方案，明显存在造假嫌疑。该案例一方面反映出相关责任人责任心不强，对上级部门的规定和要求重视不够，执行力不强；另一方面也反映出该供电公司对该项工作疏于管理，要求不严，监督不力。

案例 1-28　供电方案答复超时限

××水电安装有限公司系高压新装、增容用电户，申请表显示该客户于 2010 年 8 月 9 日申请用电，答复供电方案会签单反映核准日期为 2010 年 8 月 31 日，答复时间超期 17 个工作日。

解析： 供电方案答复时限要求："高压客户，2 个工作日内完成现场勘查，15 个工作日内答复供电方案（双电源 30 个工作日）。"上述案例中，业扩人员答复时限明显超期。不按承诺时限及时完成工作，会导致客户投诉风险。

案例 1-29 纸质资料时限与营销管理信息系统进程不一致

　　××橡塑科技开发有限公司，业扩报装纸质档案进程与营销管理信息系统进程不一致，具体情况如下：高压供电方案纸质答复单签发日期为 2014 年 8 月 20 日，营销管理信息系统答复日期为 2014 年 10 月 14 日；纸质设计文件受理申请时间为 2014 年 8 月 30 日，营销管理信息系统设计文件受理时间为 2014 年 10 月 14 日；纸质客户受电工程竣工检验申请表受理时间为 2014 年 10 月 23 日，营销管理信息系统竣工报验时间为 2014 年 11 月 12 日；纸质客户受电工程竣工验收时间为 2014 年 10 月 24 日，系统竣工验收时间为 2014 年 11 月 22 日。

　　解析：业扩报装纸质档案资料所填写的日期应与营销管理信息系统日期保持一致。上述案例中，该客户在营销管理信息系统各环节所填写的日期明显滞后于纸质档案所填写的日期，说明业扩报装人员没有严格按照业扩各环节要求的时限在规定时间内完成分内工作。

案例 1-30 未执行供电方案规定的电价类别

　　××供水中心，电价方案答复单显示该客户为一般大工业电价，二级套表定比 50% 执行农业生产电价，但营销管理信息系统显示该客户的电价类别为一般工商业下非工业电价，二级套表定比 50% 执行 101～300m 扬程农排电价。

　　解析：营销管理信息系统电价设置应以供电方案制订的电价类别为依据。上述案例中，该供电公司业扩人员在营销管理信息系统中进行电价设置时，未按供电方案制订的电价类别设置。而下一环节的电费核算、复核、用电检查也未能形成有效的良性监督机制，导致对该客户电价政策未执行到位的情况不能及时发现，造成了电费流失。

案例 1-31　未执行峰谷分时电价

××外加剂速凝剂厂，营销管理信息系统显示该客户变压器容量为 200kVA，未执行峰谷分时电价。2013 年至 2014 年 6 月期间少计电费 0.09 万元。

解析：峰谷分时电价规定："铁路、煤炭、商业服务业，以及容量在 100kVA 以上的客户执行峰谷分时电价"。上述案例中，根据该客户用电性质和变压器容量，其应在执行峰谷分时电价范畴内。未按规定执行峰谷分时电价，造成了电费流失，形成了损失，说明该供电公司业扩管理工作较差，电费复审管理存在缺陷。

供电方案制订技巧

（1）制订供电方案时，电压的选择根据容量的大小来确定，两者的关系如表 1-1 所示。

表 1-1　　　　　　　供电电压与容量的关系

供电电压等级	用电设备容量	受电变压器总容量
220V	10kW 及以下单相设备	
380V	100kW 及以下	50kVA 及以下
10kV		50～8000kVA
35（66）kV		5000kVA～40MVA
110kV		20～100MVA
220kV		100MVA 及以上

（2）电源线的选择：专线适用于 3000kVA 及以上；专用变压器适用于高压 T 接客户；公用变压器适用于低压客户。

备注：10kV 线路的承载容量为 8000kVA。

（3）受电变压器安装方式选择：一般 400kVA 及以下采用柱上变压器；配电室和箱式变压器没有严格要求，视现场情况而定。

（4）计量方式选择：315kVA 及以上全部采用高供高计（特殊情况也可以高供低计），采用等级为几级表，根据客户容量或用电量确定。

（5）导线的选择：对采用架空线路还是电缆线路，要视现场情况而定，架空线路造价低于电缆线路。导线的型号，视主线型号和截面面积，根据设计电流，查看 40℃ 标准来确定，一般使用较多的导线型号为 LGJ185、LGJ240。

第四节　受电工程设计审核

一、受电工程设计审核要点

（1）受理客户送审的受电工程图纸资料时，应审核报送资料并查验设计单位资质。审查合格后应在受理后的一个工作日内将相关资料转至下一个流程相关部门。资料欠缺或不完整的，应告知客户需要补充完善的相关资料。审核结果应一次性书面答复客户，并督促其修改，直至复审合格。

（2）低压供电的客户审核要点：电能计量和用电信息采集装置的配置应符合 DL/T 448—2000《电能计量装置技术管理规程》、用电信息采集系统相关技术标准；进户线缆截面、配电装置应满足电网安全及客户用电要求。

（3）高压供电的客户审核要点：主要电气设备技术参数、主接线方式、运行方式、线缆规格应满足供电方案要求；继电保护、通信、自动装置、接地装置的设置应符合有关规程；进户线缆型号截面、总开关容量应满足电网安全及客户用电的要求；电能计量和用电信息采集装置的配置应符合《电能计量装置技术管理规程》、用电信息采集系统相关技术标准。

（4）重要电力客户审核要点：供电电源、自备应急电源及非电性质保安措施还应满足有关规程、规定的要求。

（5）有非线性阻抗用电设备（高次谐波、冲击性负荷、波动负荷、非对称性负荷等）的客户，还应审核谐波负序治理装置及预留空间、电能质量监测装置是否满足有关规程、规定的要求。

（6）报装容量在 315kVA 以上的用电项目，设计文件应开展能效评价，倡导客户使用节能环保的先进技术和产品，禁止使用国家明令淘汰的产品。

（7）受电工程设计审核合格后，应在审核通过的受电工程设计文件上加盖图纸审核专用章，并告知客户下一个环节需要注意的事项：

1）因客户自身原因需要变更设计的，应将变更后的设计文件再次送审，通过审核后方可实施，否则，供电企业将不予检验和接电。

2）承揽受电工程施工的单位应具备政府有权部门颁发的承装（修、试)电力设施许可证、建筑业企业资质证书、安全生产许可证。

3）正式开工前，应将施工企业资质、施工进度安排报供电部门审核备案。工程施工应依据审核通过的图纸进行施工。隐蔽工程掩埋或封闭前，应报供电部门进行中间检查。

4）受电工程竣工报验前，应向供电企业提供进线继电保护定值计算相关资料。

二、受电工程设计审核易出现的错误

（1）不按照要求进行工程设计，涉及"三不指定"（不指定设计单位、不指定施工单位、不指定供货单位）。

（2）未按设计审核时间完成审核工作。

（3）纸质审核时限与营销管理信息系统填写的时限不一致。

三、受电工程设计审核典型问题案例解析

案例 1-32　无设计资质进行设计

××有限公司，业扩工程开工报告单中施工单位为××电力服务中心，设计单位为农电股，供货单位为××电力服务中心，试验单位为××电力服务中心。

解析：电力客户应当委托具有设计资质的单位，完成线路、土建、一次电气部分、二次电气部分等设计。设计单位必须取得相应的设计资质。上述案例明显存在违规问题，农电股对客户用电工程进行设计，涉及违反"三不指定"的规定。该案例反映出该供电公司内部各监督、控制管理缺失，没有发挥应有的作用，企业内部没有处理好国家、集体利益的关系，有关人员依法经营意识淡薄，违反了国家法律法规。

案例 1-33　二次转包业扩工程

1.××水电安装有限公司，委托设计单位为××电力勘测设计有限公司、××电力勘测设计室，客户档案提供资质为××电力勘测设计股份有限公司。

2.××石料加工厂，工程设计施工委托书中委托施工单位为××电建有限公司，开工回馈单显示施工单位为××电建有限责任公司。

解析：电力客户应当委托具有设计资质的单位，完成线路、土建、一次电气部分、二次电气部分等设计。上述案例是以二次转包的方式，将工程委托给没有相应等级资质的设计单位，暴露出该供电公司合规经营意识淡薄，给企业经营带来了风险。

相关知识链接

设计、施工单位资质条件

（1）客户受电工程设计单位应取得建设部或省级住房和城乡建设厅颁发的电力行业设计资质证书，资质条件说明如下：

1）电力工程勘查设计资质按发电、送变电两个专业划分为甲、乙、丙、丁四个等级。

2）甲级单位可以承担各类送变电工程勘查设计。

3）乙级单位可承担 220kV 及以下电压等级的送变电工程勘查设计。

4）丙级单位可以承担 110kV 及以下电压等级的送变电工程勘查设计。

5）丁级单位可以承担 35kV 及以下电压等级的送变电工程勘查设计。

（2）受电工程施工单位应取得电力监管机构颁发的相应级别的承装（修、试）电力设施许可证。承装（修、试）电力设施许可证分为承装、承修、承试三个类别，分别可以从事电力设施的安装、维修和试验业务。电力监管机构颁发的承装（修、试）电力设施许可证分为一级、二级、三级、四级和五级：

1）一级资质单位可以承揽所有电压等级电力设施的安装、维修或者试验业务。

2）二级资质单位可以承揽 220kV 以下电力设施的安装、维修或者试验业务。

3）三级资质单位可以承揽 110kV 以下电力设施的安装、维修或者试验业务。

4）四级资质单位可以承揽 35kV 以下电力设施的安装、维修或者试验业务。

5）五级资质单位可以承揽 10kV 以下电力设施的安装、维修或者试验业务。

（3）在客户的受电装置上，从事电气安装、试验、检修、运行等作业的人员，应持有电力监管部门颁发的电工进网作业许可证方准上岗作业：

1）电工进网作业许可证分为低压、高压、特种三个类别。

2）取得低压类电工进网作业许可证的，可以从事 0.4kV 以下电压等级电气安装、检修、运行等低压作业。

3）取得高压类电工进网作业许可证的，可以从事所有电压等级电气安装、检修、运行等作业。

4）取得特种类电工进网作业许可证的，可以在受电装置或者送电装置上从事电气试验、二次安装调试、电缆作业等特种作业。

案例 1-34　档案信息不全

××文化新闻出版局、××环境保护局、××钢铁有限公司、××房地产集团有限公司，档案资料反映这些客户用电方案设计单位无设计资质，无中间检查资料。

解析：电力客户应当委托具有设计资质的单位，完成线路、土建、一次电气部分、二次电气部分等设计。业扩资料归档规范规定："纸质档案应该真实、齐全，资料填写完整、清晰。"上述案例反映出该供电公司业扩管理工作粗放，内部控制存在严重缺陷，营销管理工作缺少制约与监管。

案例 1-35 设计审核不规范

××安装有限公司，客户受电工程图纸、审核结果通知单均无供电单位盖章及审核日期。

解析：受电工程设计审核合格后，按照设计审核规范，审核通过后，应在受电工程设计文件上加盖图纸审核专用章。上述案例中，受电工程图纸、审核结果通知单，均无供电单位盖章及审核日期，说明该供电公司业扩管理工作粗放，依法经营意识淡薄，形成了管理上的盲区。

案例 1-36 业扩工程虚假

业扩报装统计信息显示，××洗煤有限公司、××橡胶颗粒厂等 10 项客户受电工程由××电建有限公司施工，而××电建有限公司却无该 10 项工程的经济记录。

解析：上述案例中，业扩报装统计信息显示 10 项工程已实施完毕，但是在施工单位却没有该 10 项工程的经济记录。此案例反映出该供电公司业扩工程存在虚假嫌疑。

第五节 中间检查及竣工检验

一、中间检查及竣工检验要点

（一）中间检查要点

（1）审查客户提供的竣工图是否齐全。

（2）审查客户提供的受电工程竣工图明细和受电工程设计单位提供的设计图纸明细是否相符。

（3）审查施工单位的资质。承装（修、试）电力设施许可证分为一级、二级、三级、四级和五级。各级所承装的电压等级不同。

（4）中间检查时重点关注隐蔽工程，如电缆沟。不同电压等级，电缆转弯半径是不同的。

（二）竣工检验要点

（1）审查客户所提供的设备试验报告、校验报告、调试记录等项目是否齐全，结论是否合格。

（2）审查计量装置准确度、接线、安装工艺，以及型号、规格是否符合设计要求。电能计量装置设计审查的依据是 DL/T 5137—2001《电测量及电能计量装置设计技术规程》、DL/T 448—2000《电能计量装置技术管理规程》及用电营业方面的有关管理规定。

（3）审查现场所采用的设备、器材的型号、规格是否与图纸设计的型号一致。

（4）检查现场设备外观、安装方式等。

（5）审查架空线路杆号、相序标志是否正确齐全，沿线障碍、树木是否清理完毕。

（6）查看配电柜、配电箱、计量箱、电器外壳的接零、接地是否可靠。

（7）查看接户线的安装情况。

（8）关注客户安装容量与报装容量是否相符。

（9）验收低压受电工程时，业扩人员必须重复审核施工单位的施工资质，检验施工单位是否提供虚假资质，或转借资质。

（10）审查配电室管理制度是否完善、齐全，关注电工资质、安全工器具等是否符合要求。

二、中间检查及竣工检验易出现的错误

（1）未按规定时限进行中间检查及竣工验收。

（2）纸质时限与营销管理信息系统时限不一致。

三、中间检查及竣工检验典型问题案例解析

案例 1-37 未按规定时限进行中间检查和验收

××科技开发有限公司，纸质工单反映受理该客户受电工程竣工检验申请时间为 2013 年 10 月 23 日，营销管理信息系统显示竣工报验时间为 2013 年 11 月 12 日。纸质工单竣工验收时间为 2013 年 10 月 24 日，营销管理信息系统竣工验收时间为 2013 年 11 月 22 日。

解析： 当受理客户竣工检验申请后，业务人员应将信息同时录入营销管理信息系统，即纸质工单时限与营销管理信息系统时限应确保一致。上述案例中，纸质工单竣工验收时间与营销管理信息竣工验收时间不一致，暴露出该供电公司业扩管理业务人员责任心不强，内控制度不严。

> **相关知识链接**
>
> 竣工验收时限
>
> 业扩人员应在接到竣工报告单后，组织相关专业部门进行竣工验收，低压电力客户应在 3 个工作日内完成，所有高压客户应在 5 个工作日完成。

案例 1-38 竣工验收单项目填写不全

1.××石料加工厂，客户受电工程竣工验收单验收项目无验收结果及验收人签字，客户变压器试验报告无变压器容量。

2.××机械厂，客户受电工程竣工验收单无产权分界点，验收项目无相关部门人员参与，无受电变压器相关信息，无核准人签字批复等。

3.××煤焦集团有限公司，业扩档案中无受电工程图纸审核

申请表，无 10 000kVA 变压器的安装及配套设计图纸，无客户受电工程竣工验收申请登记表，无试验报告，无工程竣工报告。

解析： 竣工验收工作规范规定："客户服务中心牵头组织生产、调度等部门共同开展竣工验收工作。验收完毕后，业扩人员对各专业部门提出的建议和整改措施进行一次性汇总，确认无误后，与客户、施工单位进行答疑，将答疑后的结果填写在'客户受电工程竣工验收单'上，经专家组会签，以书面形式通知客户，再由客户通知施工单位进行整改。"上述案例反映出该供电公司业扩管理工作粗放，内部管理环节不能做到环环相扣。

案例 1-39　试验报告容量与竣工验收容量不符

××粮油有限公司，变压器试验报告显示该客户变压器容量为 250kVA，客户受电工程竣工验收单显示验收合格容量为 200kVA。

解析： 上述案例试验报告中的变压器容量与竣工验收变压器容量不一致，一个明显的错误，在验收环节却能顺利通过，暴露出相关责任人责任心不强，同时也暴露出相关部门监管不到位。

案例 1-40　档案资料不全

××铁路股份有限公司××供电段，受电工程竣工报验无继电保护整定记录及进线保护定值单，无安全工器具试验报告，无隐蔽工程施工及验收记录，无运行管理的有关规定和制度，无运行值班人员及进网作业电工名单及资质证书复印件。

解析： 竣工检验合格后，应根据现场情况最终核定计费方案和计量方案，记录资产的产权归属信息，形成"客户受电工程竣工验收单"，及时告知客户做好接电前的准备工作要求，并做好相关资料归档工作。上述案例中，资料档案缺失各环节验收人员的验收资料信息，暴露出该供电公司对业扩管理工作的重要性认识不够，要求不严，监督不力。

第六节　供用电合同

一、供用电合同要点

（1）签订合同前，要对客户进行必要的资信情况调查核实。

（2）合同中，对文字的表述，文理逻辑要明确、严密，不产生歧义，双方权利义务要明确、具体。

（3）电力客户法定代表人授权代理人签订供用电合同时，必须事先办理书面授权委托书。

（4）在签订合同时，电力客户应出示法定代表人及其委托代理人身份证原件，并将身份证复印件及授权委托书交给供电企业作为供用电合同的附件保存。电力客户提交的相关资质证明包括客户应有的营业执照、税务登记证、组织机构代码证等，国家规定的许可项目还应包括许可证。

（5）高压供用电合同期限一般不超过 5 年，低压供用电合同期限一般不超过 10 年，实行定量定比的客户不超过 2 年。国家规定的许可项目，合同有效期限不得超过许可证的有效期限。

（6）合同的签订应严格履行审批流程。对供电方案的经济性、可行性、安全性以及核定的电价，签约人员必须认真审查。

（7）在供用电合同的签订过程中，供电企业必须履行提请注意和异议答复程序。对电力客户书面提出的异议，供电企业必须书面答复，并留有相应的答复记录。

（8）供用电合同在具备合同约定条件和达到合同约定时间后生效。

（9）合同附件及有关资料要整理齐全，一并归入主合同档案。合同签订后，应做好供用电合同的档案管理工作。

二、供用电合同易出现的错误

（1）发生变更用电后不及时进行合同修订。

（2）合同签字、盖章、日期不符合规定。

（3）合同中的计费内容与营销管理信息系统计费信息不符。

（4）合同信息与用电工作传票内容不对应。

三、供用电合同典型问题案例解析

案例 1-41 供用电合同内容与营销管理信息系统信息不符

1. ××提水站，系统反映该客户变压器容量为 1400kVA，其中大工业占 25％，非居民占 1％，农灌占 74％，未见用电比例数据来源。2014 年签订的供用电合同反映抄表例日 15 日，实际为 25 日。合同签订基本电费计费容量为 1410kVA，实际计费容量为 353kVA。

2. ××公司，供用电合同反映该客户主供电源运行容量为 5200kVA，第一路热备用变压器容量为 1000kVA，第二路热备用变压器容量为 1030kVA，营销管理信息系统反映该客户按 5200kVA 计收基本电费，少计基本电费 576 万元。

3. ××公司，供用电合同反映该客户电价类别为一般大工业和定量 2000kWh 执行商业电价。营销管理信息系统中反映该客户商业用电定比为 10％，实际执行和供用电合同约定内容不符。

解析：供用电合同作为明确供用电双方权利和义务的法律文书，对于规范电网经营企业核心业务，保障电网安全，降低经营风险，提高服务质量和企业竞争，具有十分重要的意义。上述案例合同约定的计费方式发生了改变，而供用电合同却未及时变更，从而导致供用电合同中的内容与营销管理信息系统数据不一致，暴露出该供电公司在供用电合同管理上风险防范意识不足，内部监管缺失。

案例 1-42 营销管理信息系统容量与用电工作传票容量不一致

××有限公司，营销管理信息系统反映该客户变压器容量为 $1\times3600kVA+1\times315kVA$，合计 3915kVA。0000218 号用电工作传票反映该客户的合同容量为 $2\times4000kVA$，合计容量 8000kVA，营销管理信息系统容量与用电工作传票容量不符。

解析： 用电工作传票是当客户用电新装或发生变更用电时进行电费计算的依据。合同变更要求："电费计算方式、交付方式变更时，应按照规定程序变更合同。"作为合同管理人员，合同管理岗位工作标准规定，每月按时准确地进行新增客户和合同档案的变更、统计工作。上述案例暴露出相关人员责任心不强，内部控制制度不严，没有逐级把关而且信息之间不符，使企业面临计费风险、服务投诉等一系列风险。

案例 1-43 供用电合同签订日期错误

××煤焦有限责任公司，供用电合同签订日期为 2010 年 11 月 29 日，封面日期为 2010 年 10 月。

解析： 供用电合同签订日期规定："在供用电合同首页有'二〇一 年 月'字样，对于此处的空白年月，应该填写合同最后签字当事人签约所在月份。"上述案例反映出合同管理人员工作责任心不强，业扩管理工作粗放，亦或是合同相关人员业务不娴熟，合同知识缺乏。

案例 1-44 供用电合同未盖章

××混凝土有限公司，高压供用电合同无客户盖章。

解析： 合同主体内容规定："用电人名称填写的企业、个体工商户名称应与企业营业执照标注名称一致；事业单位、政府机关名称应与签订合同时加盖的单位公章一致。"合同用印、当事人签字规定："书面形式订立的合同，是当事人履行合同义务与享有合同权利，以及认定其行为是否构成违约的基本依据。"因此，当事人双方应当持具有相同内容的书面合同。对于双方达成一致的合同，当事人双方应当签字或盖章认可，否则不产生法律效力。上述案例反映出此合同无效，为企业合规经营埋下隐患。

案例 1-45 供用电合同电价与营销管理信息系统电价不符

××发电有限责任公司，供用电合同反映该客户执行的电价类别为普通工业电价，营销管理信息系统反映该户电价类别为一般大工业电价。

解析： 供用电合同是供电企业履行权利和义务的依据，作为计费依据的供用电合同，当合同内容与营销管理信息系统内容不符时，极易导致客户投诉。上述案例暴露出该供电公司业扩人员责任心不强，管理环节缺乏必要的监督机制。

案例 1-46 供用电合同功率因数标准与营销管理信息系统执行标准不一致

××新井，高压供用电合同签订用电分类为非普工业，变压器容量250kVA，功率因数调整电费考核标准为0.90。核查营销管理信息，该客户功率因数调整电费考核标准为0.80。

解析： 供用电合同是电费计费依据，实际工作当中，应确保供用电合同内容与计费信息一致。但上述案例中，合同约定的内容显然与现场实际用电有所出入，从名称上来看，对于深井用电，执行非普电价显然是错误的。营销管理信息系统执行标准

0.80虽是农业生产功率因数标准，但与标准及其适用范围也不相符。从上述案例来看，该供电公司应对××新井电价类别、功率因数标准重新核定。

相关知识链接

功率因数的标准值及其适用范围

（1）功率因数标准0.90，适用于160kVA以上（不包括160kVA）的高压供电工业用电户、装有带负荷调整电压装置的高压供电电力用电户和3200kVA及以上的高压供电电力排灌站。

（2）功率因数标准0.85，适用于100kVA（kW）及以上的其他工业用电户、100kVA（kW）及以上的非工业用电户、100kVA（kW）及以上的电力排灌站。

（3）功率因数标准0.80，适用于100kVA（kW）及以上的农业用电户和趸售用电户，但大工业用电户未划由供电企业直接管理的趸售用电户，功率因数标准应为0.85。

（4）若居民小区混合用变压器内含有居民、商业服务业以及锅炉等用电，可以对锅炉用电核定容量，核定容量在100kVA及以上者，对锅炉用电安装无功表，并对其实行功率因数调整电费。

第七节　装　表　接　电

一、装表接电要点

（1）正式接电前，完成接电条件审核，并对全部电气设备作外观检查，确认已拆除所有临时电源，并对二次回路进行联动试验。接电条件包括：启动送电方案已审定，新建的供电工程已验收合格，客户的受电工程已竣工检验合格，供用电合同及相关协议已签订，业务相关费用已结清，电能计量装置、用电信息采集终端已安装检验合格，客户电气人员具备上岗资质、客户安全措施已齐备等。

（2）接电后应检查采集终端、电能计量装置运行是否正常，并会同客户现场抄录电能表示数，记录送电时间、变压器启用时间及相关情况。

（3）装表接电完成后，应及时收集、整理并核对归档信息和报装资料，建立健全客户档案。

（4）不同客户采用不同的计量方式。例如：客户单相用电设备总容量不足 10kW 者，可采用低压 220V 供电，其计量方式采用单相计量方式。客户用电设备容量在 100kW 以下或需用变压器容量在 50kVA 及以下者，可采用低压三相四线制供电，其计量方式采用低供低计。负荷电流为 60A 及以下时，宜采用直接接入式电能表。负荷电流为 60A 以上时，宜采用经电流互感器接入式的电能计量方式，三台电流互感器二次绕组与电能表之间宜采用六线连接。客户用电设备容量在 100kW 以上或需用变压器容量在 50kVA 及以上者，宜采用高压供电。

（5）不同客户采用不同计量方式。高供高计：配置电压互感器、电流互感器；电能表与电源比较，两者的额定电压、电流参数不同；一般设有分计量装置；主计量点与产权分界处对应。高供低计：一般只配电流互感器；电能表与电源比较，两者的额定电压、电流参数不同；一般设有分计量装置；主计量点与产权分界处不对应。低供低计：没有电压互感器；电能表与电源比较，两者的额定电压参数相同，电流参数不一定相同；没有分计量装置；计量点与产权分界处对应。

（6）根据营业厅转来的装表工作票正确配置表计，按规定期限到现场装表（包括互感器），复核接线无误后加封，并在工作票上抄录电能表的生产厂名、厂号、表底数等，签字后转营业厅。

二、装表接电易出现的错误

（1）不按规定时间及时装表接电。

（2）实际装表时间与营销管理信息系统填写的时间不一致。

三、装表接电典型问题案例解析

案例 1-47　装表接电时间倒置

××税务局，增容报装流程显示该客户装表接电日期为 2013 年 6 月 29 日，图纸审核结果通知单日期为 2013 年 9 月 6 日，开工回馈单日期为 2013 年 9 月 6 日。

解析： 按照业扩流程，从受理客户用电申请到最后装表接电，顺序应该是先进行图纸审核，最后装表接电。上述案例时间顺序先后颠倒，显然不符合常规，暴露出该供电公司装表接电人员责任心不强，管理工作粗放，使企业存在计费、服务投诉等一系列风险。

案例 1-48　工单日期与营销管理信息系统不符

××机械制造有限公司，纸质工单显示该客户于 2014 年 10 月 10 日业务受理，送电日期为 2014 年 10 月 10 日。营销管理信息反映业务受理日期为 2014 年 11 月 1 日，送电日期为 2014 年 11 月 1 日。

解析： 受理客户提出用电业务后，业务受理人员除了指导客户填写申请书外，还应及时将客户信息在营销管理信息系统中进行记录流转。上述案例中，对于一个高压客户，无论是纸质工单还是营销管理信息系统中的工单，都是当日受理，当天送电，这一点显然不符合常规。另外，纸质工单日期与营销管理信息系统填写的日期不符，暴露出该供电公司业扩工作内部监管缺失，工作时限存在虚假嫌疑。

案例 1-49 未按规定时限及时装表送电

客户曾某于 2014 年 4 月 9 日来电反映，其在 2013 年 3 月 21 日曾向××市××供电公司递交了新装变压器申请，各项资料手续均已通过审核，并已缴纳过相关费用，但是一年多过去了，其申请新装变压器的事情一直杳无音讯。无奈之下，他多次打电话催促。2013 年 12 月 10 日接到回馈：该供电公司领导正在积极协调此事，会尽快为其送电。但截止到 2014 年 4 月 8 日该供电公司仍未给其安装，客户一怒之下，拨打了 95598 投诉，要求电力公司相关部门给予其合理解释。

解析：上述投诉案例充分说明，实际工作当中，推诿塞责直接影响营销工作质量，并且在社会上造成了恶劣影响，应该引以为戒。从业扩时限上来看，该客户申请新装变压器，从受理至投诉已过去一年多，显然不符合供电公司规定的业务时限，说明该供电公司对于服务规定重视不够，制度上又缺乏规则约束，导致工作不能有效推动。

第八节　资　料　归　档

一、资料归档要点

（1）装表接电完成后，资料归档员应及时收集、整理并核对归档信息和报装资料，建立客户信息档案和纸质档案。当发现存在档案信息错误或信息不完整时，则发起相关流程纠错。纸质资料应重点核实有关签章是否真实、齐全，资料填写是否完整、清晰，营销信息档案应重点核实与纸质档案是否一致。

（2）查看纸质资料，一般情况下，应保留客户提供的各种原件；确不能保留原件的，保留与原件核对无误的复印件。供用电合同及相关协议必须保留原件。

（3）当审核中发现档案资料和电子档案相关信息存在不完整、不规范、不一致问题时，应退还给相应业务环节，要求其补充完善。

（4）资料归档内容主要包括：用电申请书、客户用电设备清单、营业执照复印件、法人代表身份证复印件、业扩现场勘查工作单、供电方案答复单、审定的客户电气设计资料及图纸（含竣工图纸）、受电工程中间检查登记表、受电工程缺陷整改通知单、受电工程中间检查结果通知单、受电工程竣工验收登记表、受电工程竣工验收单、装拆表工作单、供用电合同及其附件、委托客户的授权委托书、重要客户认证材料、客户提交的其他相关材料。

二、资料归档易出现的错误

（1）客户档案资料信息不全，内容不符合要求。

（2）档案内容与营销管理信息系统内容不符。

（3）不使用规定的统一资料模板。

三、资料归档典型问题案例解析

案例1-50　用电客户无报装资料

××石料加工有限公司，××客服中心新装客户台账显示该客户已装表接电，但营销管理信息系统以及纸质档案均无该客户任何报装资料。

解析：业扩报装工作规定："严格业扩各环节起始时间管理，客户业扩报装有关信息应当天录入客户服务系统，并严格按照工作职责进行工单流转和派工，禁止业扩人员私压业扩报装申请单。"上述案例中，对已经装表接电的客户，营销管理信息系统却没有计费，造成电费流失，暴露出该供电公司业扩管理缺乏必要的监督，应引起重视。

案例 1-51　业扩资料信息不全

1. ××有限责任公司，业扩现场勘查工作单中勘查内容、勘查意见、勘查人等均为空白。答复供电方案会签单中供电方式、计量计费方式、供电方案简图、会签意见、核准意见及核准人等均为空白。用电工作票无审核人签字。高压供电计量方案及电价方案核准表、受电工程图纸审核申请表、客户受电工程图纸审核结果通知单、客户受电工程中间检查申请表、客户受电工程竣工验收申请表、客户受电工程竣工验收单等均为空白。

2. 用电申请登记台账显示××公司 2014 年 9 月 13 日受理××酒厂股份公司增容 5000kVA 申请，2015 年 1 月 19 日，该客户接火送电。业扩档案资料反映该客户无设计、施工、供货、试验等相关文件及报告。

解析： 资料档案归档规范规定："档案资料和电子档案相关信息不完整、不规范、不一致，应退还给相应业务环节补充完善。"设计审核工作规范规定："受理客户送审的受电工程图纸资料时，应审核报送资料并查验设计单位资质。审查合格后，应在受理后的一个工作日内将相关资料转至下一个流程相关部门。资料欠缺或不完整的，应告知客户需要补充完善的相关资料。"上述案例中，各个环节资料都存在不完善的问题，暴露出该供电公司业扩人员责任心不强，依法经营意识淡薄。

案例 1-52　已送电却未及时进入营销管理信息系统核算电费

××公司客服中心，2013 年 12 月 21 日受理××能源发展有限公司客户用电申请，纸质档案显示现场勘查人员于 2013 年 12 月 18 日进行勘查，2013 年 12 月 29 日验收合格送电，营销管理信息系统却无该客户任何档案信息。

解析： 业扩工作规范规定："接电后会同客户现场抄录电能表示数，记录送电时间、变压器启用时间及相关情况。业扩人员应将相关信息当天录入营销管理信息系统。"上述案例中，首先申请受理时间与现场勘查时间前后顺序颠倒，其次营销管理信息系统又没有该客户计费信息，暴露出该供电公司业扩管理缺乏监管，相关人员合规经营意识淡薄。

案例 1-53 未按规定使用标准用电工作传票

××有限公司、××轻纺机械厂，用电工作票均未使用营销管理信息系统标准用电工作传票格式。

解析： 业扩管理工作总则要求："坚持信息化全过程闭环管理，业务流程工作传单实行电子化，一律取消内部纸质工作任务流转单，使业扩工作程序标准化、业务流程规范化，缩短报装周期，实现精益化管理。"上述案例暴露出该单位业扩报装管理工作不严密，工作人员合规经营意识淡薄。

案例 1-54 业扩报装报表信息与营销管理信息系统不符

××公司，业扩报装统计报表反映该公司于 2014 年申请新装、增容大工业客户累计 132 户，其中完成 103 户、终止 23 户、结存 6 户。营销管理信息系统业扩工单查询统计显示新装、增容共计 136 户，其中完成 115 户、终止 10 户、在途 11 户。增容相差 4 户，完成相差 12 户，终止相差 13 户，结存相差 5 户。

解析： 上述案例中，业扩统计纸质报表数字与系统报表数据不符，暴露出该公司营销工作数据失真。为此，供电企业应切实重视营业指标管理的严肃性，对照考核指标，采取积极手段，挖掘潜力，据实完成，而不是弄虚作假，刻意粉饰。

第二章

抄核收工作要点及案例解析

第一节 抄 表 业 务

一、抄表业务要点

（1）抄表例日的确定必须履行申请、审核、审批程序，抄表例日一经确定，不得随意变更。由于特殊原因被迫变动抄表日期时，变动后的抄表日期与原定的不得推迟或提前两天。但对于大工业客户，不论任何原因，都应保证按期抄表。

（2）了解自己负责抄表的区域和客户的情况，特别是新客户的基本资料。

（3）掌握抄表日的排列顺序，做到心中有数，并严格按抄表日抄表。

（4）用采集系统抄表时若发现异常，需生成异常报告单并发送相关部门处理。对未抄表户生成抄表清单，转抄表员到现场抄表。

（5）根据抄表周期，每一个抄表区段只能维护一个抄表例日。

（6）新装客户归档后，在抄表数据开放前，必须完成新装客户抄表区段的维护，防止出现遗漏。

（7）同一供电线路、同一变压器下的客户存在转供、套扣等计费关联关系的客户，计划抄表日应该安排在同一天。

（8）用电信息采集抄表的客户，初次抄表的，应在抄表当月进行核对；常态抄表的，1 年内至少对用电信息采集抄表数据与客户端电能表记录数据进行一次校核。

（9）发现用电信息采集抄表信息异常或抄表不成功时，抄表员应在抄表当日到现场复核，以现场抄表数据作为计费参数，填写工作单并按规定流转处理。

（10）抄表发现异常情况时，应按规定的程序及时提交客户异常报告并按职责及时处理。计量装置异常运行的，应在当天启动工作单通知计量班组处理。电量异常的，应当场向客户了解异常情况，并详细记录备查。客户窃电或违约用电的，应及时上报，并保护好现场，配合用电检查人员做好现场检查取证工作。发现其他异常情况，如有表无档、有档无表，抄表区段存在拆迁、改造，客户投诉等情况时，要及时启动工作单通知相关班组处理。

二、抄表业务易出现的错误

（1）人为调整抄表指示数。

（2）用电信息采集系统正常，计费时不用实时采集数据。

（3）不按规定例日抄表。

（4）不抄表不计费。

（5）估抄。

三、抄表业务典型问题案例解析

案例 2-1 计费表计指示数与采集表计指示数不一致

××钢铁有限公司、××工贸有限公司、××特钢公司，2013 年 12 月，营销管理信息系统显示上述客户抄表指示数与用电信息采集系统采集的指示数不一致，少计电量合计 5900.40 万 kWh。

解析： 随着科学技术的不断进步，目前用电信息采集系统逐渐替代了传统人工抄表方式，它在解放人工劳动力的同时，使抄表质量得到大幅度提高。抄表管理中规定："抄表人员必须在规定的抄表日期内，及时、准确、无误地抄录电能表数据。"上述案例明显反映出该供电公司抄表数据不真实，故意预留电量形成"蓄水池"。

案例 2-2 未按规定抄表例日抄表

1. 营销管理信息系统抄表管理反映，××公司大客户 2013 年 12 月实际抄表日期为 2013 年 12 月 23 日，计划抄表日期为 12 月 25 日，提前 2 天抄表。

2. ××管理所，营销管理信息系统反映抄表例日为 13 号，2012 年 3 月推迟 12 天抄表，2013 年 2 月推迟 4 天抄表。

3. 陈××，系统反映抄表例日为 15 号，2012 年 3 月推迟 10 天抄表。

解析： 抄表例日规定："对同一客户的抄表日期一般是固定的，由于特殊原因被迫变动抄表日期时，变动后的抄表日期与原定的不得推迟或提前两天。但对于大工业客户，则不论任何原因，都应保证按期抄表。"上述案例均未按照规定日期进行抄表，暴露出该供电公司为了完成经营指标，刻意提前或推迟抄表；此外，数据不真实，容易误导后期分析与评价，影响计划与决策。

相关知识链接

（1）居民生活用电可隔月抄表。

（2）其他用电户每月抄一次表。

（3）大工业用电户及用电量较多的其他用电户于每月 25 日以后抄表。

（4）特大客户于每月月末 24 时抄表。

案例 2-3 不抄表不计费

××所，营销管理信息系统显示该客户 2013 年 5 月以后抄表电量信息一直为 0。

解析： 电量作为电费计算依据，其重要性不言而喻，上述案例对××电所不抄表不计费，显然是恶意不计售电量，说明该供电公司在计量管理上缺乏严肃性与合规性，这种明显的违规操作疏于监管，造成了电费流失，给企业带来损失。

案例 2-4 估抄计费

××所，自 2012 年 4 月至 2013 年 12 月抄表电量信息一直为 1014kWh。

解析： 客户的用电量每月随用电负荷不断发生变化。《供电营业规则》第七十一条规定："在客户受电内难以按电价类别分别装设用电计量装置时，可装设总的用电计量装置，然后按其不同电价类别的用电设备容量的比例或实际可能的用电量，确定不同电价类别的用电量的比例或定量进行分算，分别计价。供电企业每年至少对上述比例或定量核定一次，客户不得拒绝。"上述案例中两个客户均有表计，却按固定值计费，暴露出该供电公司抄表制度缺乏相关监督机制，营销管理工作粗放，有关规章制度执行不严格，电费核算过程操作不规范，相关责任人责任心不强，徇私舞弊，给企业带来了极其恶劣的影响。

案例 2-5 抄表不到位

××所，营销管理信息系统显示该客户以三块单相表计费，现场核实，营销管理信息系统抄表指示数与现场实抄表计指示数不一致，少计电费 112 173.17 元。计算过程见表 2-1。

表 2-1　　　　　　　　　　××所少计电费明细

表号	2013 年 2 月 止码	2013 年 3 月 14 日 止码	抄见 电量 (kWh)	倍率	电度 电量 (kWh)	单价 (元/kWh)	金额 (元)
201 671	820	2617	1797	15	26 955	0.706 1	19 032.93
201 219	820	4885	4065	15	60 975	0.7061	43 053.04
194 209	820	5549	4729	15	70 935	0.706 1	50 087.20
合计			10 591		158 865		112 173.17

解析： 抄表管理规定："抄表时必须到位，严禁估算。"抄核收工作管理规定："加强电量电费核算管理，确保电量电费核算的各类数据及参数的完整性、准确性和安全性。"上述案例中，营销管理信息系统核算表计指示数与现场核实时表计指示数不一致，暴露出该供电公司以虚假抄表示数进行电费核算。在信息失真的同时，影响该公司经营指标的真实性。

案例 2-6　营销管理信息系统计量装置与实际计量装置信息不符

××站，营销管理信息系统反映该客户 2014 年 6 月换表（表号 12××0435），换表后至 2015 年 2 月系统反映示数 6100，现场核实抄表指示数为 0。该客户现场有另外一块表（表号 30700××），营销管理信息系统无该表计记录，现场抄表示数 13 913，倍率 30。

解析： 电能表示数作为电费计算依据，其重要性不言而喻。上述案例中，换表后信息与现场表计信息不符，暴露出该供电公司内控管理执行不到位，电费数据失真，给企业带来损失。

案例 2-7 暂停恢复不计费

××集团有限责任公司于 2013 年 6 月 30 日办理暂停恢复手续，营销管理信息系统显示该客户 2013 年 7 月至今，未生成抄表计划，该客户于 2014 年 5 月 15 日再次申请暂停，2013 年 6 月 30 日至 2014 年 5 月 15 日期间少计基本电费 26.25 万元。

解析：上述案例暴露出该供电公司营销管理业扩、抄表环节不严密，管理上存在严重漏洞，同时也反映出该供电公司在抄表、变更管理环节执行不严肃。对此，应在完善制度的基础上，强化制度的严肃性和执行力。

案例 2-8 未及时完成表计更换流程

××村 1 队，用电工作传票反映该客户在 2014 年 3 月更换智能表，系统显示 2014 年 4 月才完成流程，导致 4 月抄录电能表指示数为 3 月和 4 月用电量之和，被营销稽查监控系统视为异常。

解析：抄表管理规定："抄表工作必须在规定时间内准确抄录完成，不得随意提前或推后抄表时间。"上述案例由于业扩人员未及时将换表信息完成流程操作，导致 4 月电量被营销稽查监控系统视为异常，暴露出该供电公司营销管理工作粗放，有关规章制度执行不严格，业扩管理过程操作不规范。

案例 2-9 私自更改抄表例日

××有限责任公司，该客户 2015 年 3 月以前每月 25 日抄表，2015 年 4 月更改抄表时间，抄表日期为 10 日。

解析：抄表例日规定："对同一客户的抄表日期一般是固定的，由于特殊原因被迫变动抄表日期时，变动后的抄表日期与原定的不得推迟或提前两天。"上述案例中，更改抄表日期，造成电费信息失真，从而影响该供电公司经营指标的真实性。

第二节 电费核算业务

一、电费核算业务要点

（1）依据用电工作传票进行核算信息的新建和变动。

（2）审核用电信息采集系统抄表示数，查询电量突变 30% 的客户，对其进行分析。对采集回来的抄表数据，首先将数据存入集抄管理系统数据库，然后对采集回来的数据进行分析、甄别，对有疑问的数据和电量明显异常的数据，重新采集或到现场核对，修改确认后，方可传入电费数据库。

（3）核查业扩人员在系统中设置的客户档案信息是否正确，包括表计设置、倍率的配置、客户名称与电价的匹配、基本电费的计算等内容。

（4）对新装、变更用电客户电费进行核查，对电费计算结果进行审核，当确认无误后再发行，进入收费状态。

二、电费核算业务易出现的错误

（1）电价执行与现场不符。

（2）不按规定进行表计设置。

（3）客户发生变更用电时，基本电费错收。

（4）功率因数标准执行错误。

（5）需量值不按规定标准进行核定。

三、电费核算业务典型问题案例解析

案例 2-10 未按现场用电类别进行电价设置

××小学，2014 年 8 月电费清单显示其用电量为 6530kWh，

其他月份为 $3000kWh$ 左右，电价一栏显示该客户执行的是农业生产电价，现场核实该客户系基建施工用电。

解析： 国家电价政策是电价执行、电费收取的重要依据。电价作为电费核算的枢纽环节，管理需要严密的内部控制和良好的工作保障机制，否则很容易出现管理盲点。上述案例户名为学校用电，实质为基建施工用电，即将高价客户按低电价类别核算，暴露出该供电公司内部控制制度不健全，缺乏严格有效的监督制度，上级部门也未能全面履行职责，导致少计电费。

✅ 相关知识链接

（1）凡属城乡居民及家庭生活用电、学校教学和学生生活用电，执行居民生活用电价格。

用电价格执行居民类价格的学校是指，经国家有关部门批准，由政府及其有关部门、社会组织和公民个人举办的公办、民办学校，包括：

1）普通高等学校（包括大学、独立设置的学院和高等专科学校）。

2）普通高中、成人高中和中等职业学校（包括普通中专、成人中专、职业高中、技工学校）。

3）普通初中、职业初中、成人初中。

4）普通小学、成人小学。

5）幼儿园（托儿所）。

6）特殊教育学校（对残疾儿童、少年实施义务教育的机构）。

（2）对经民政部门批准设置的国家、集体和社会力量投资创办，以老年人、残疾人、精神病人、孤儿、弃婴、优抚对象等为主要服务对象的社会福利机构，包括社会福利院、敬老院、儿童福利院、精神病人福利院、老年公寓、SOS以及各种类型的康复中心等。

案例 2-11　错误执行居民合表电价

营销管理信息系统显示××路灯、××乡人民政府执行合表居民电价，核查 2013～2014 年用电量为 5.64 万 kWh，少计电费 1.26 万元。

解析： 非居民电价执行范围规定："路灯、政府用电属于一般工商业下的非居民照明电价。"上述案例暴露出该供电公司电价管理缺少制约和监管，电价执行随意性较大，造成电费少计，给企业带来损失。

相关知识链接

非居民照明电价执行范围：除居民生活用电、商业用电、大工业客户生产车间照明以外的照明用电，以及空调、电热（不包括基建施工照明、地下铁路照明、地下防控照明、防汛临时照明）等用电或者用电设备总容量不足 3kW 的动力用电，如铁路、航运等信号灯用电，机关、部队、高速公路办公区照明用电，路灯、隧道照明用电，以及使用省级财政部门统一印（监）制收费票据的政府还贷公路收费用电等。

案例 2-12　未按实际用电性质进行电价分类设置

××污水处理厂，营销管理信息系统显示该客户变压器容量为 630kVA，电价类别为 1～10kV 大工业电价。现场落实，该污水处理厂有一栋 3 层办公楼，现场有工作人员办公。根据现场 6kW 负荷测算，2013 年 1 月至 2014 年 6 月共少计电量 2.6 万 kWh，少计电费 2.8 万元。

解析： 客户用电性质不同，执行的电价类别就不同。上述案例中，该客户除了生产用电外，另有办公楼用电。按照电价类别执行范围规定，该客户除了执行一般大工业电价外，另应对办公楼用电装表计量，执行的电价类别为一般工商业电价下的非居民照明电价。

案例 2-13　未装设峰谷表计

××焦化有限公司，营销管理信息系统显示该客户变压器容量为 5070kVA，执行一般大工业电价，计量方式为有功表，未装峰谷表计，未执行峰谷电价。

解析： 峰谷电价的执行范围规定："铁路、煤炭、商业服务业，以及容量在 100kVA 以上的客户执行峰谷分时电价。凡含自备电厂自发自用电量的用电户，可不执行峰谷分时电价。"上述案例中，该客户用电容量大于 100kVA，且不属于不执行峰谷分时电价范围内的客户，所以按规定应装设峰谷表计，执行峰谷分时电价。

案例 2-14　居民阶梯电价执行错误

××客户办理基建临时用电，装设智能表，营销管理信息系统中显示该客户执行的电价类别为不满 1kV 居民阶梯电价。

解析： 根据电价执行范围规定，基建施工用电电价类别属于一般工商业下的非普工业用电。上述案例对基建施工用电按居民阶梯电价标准执行，属于高价低挂，除了更改电价外，还应按规定补收相应的电价差。

案例 2-15　未按规定电价类别分别进行电费计算

××福利院，2014 年 3 月电费清单反映该户执行的电价类别为居民照明电价，现场核实内院为养老场所，外围为门面房。

解析： 根据电价执行范围规定，养老院与门面房是两种不同性质的用电户，其电价执行不能仅为单一的居民照明电价，应执行电价类别为居民照明电价和一般工商业下的商业电价。

案例 2-16 未按规定收取附加费

××热电厂，变压器容量 16 000kVA，定比 2% 执行非居民照明电价，未收取附加费，2013 年漏计附加费 0.33 万元。

解析：附加费征收的范围，对于属于销售电价开征范围内的用电客户，若无相关文件证明可以免征，按照规定，附加费应随电费一起征收。上述案例中，对于属于开征范围的客户未按规定收取附加费，造成了电费流失，形成损失，同时说明该供电公司营销基础管理工作较差，电费复审管理存在缺陷。

案例 2-17 无依据进行电费核算

××集团水泥粉磨站，营销管理信息系统显示该客户变压器容量为 1500kVA，未办理过变更用电工作票，2014 年 2 月至 2014 年 12 月少计基本电费 175 万元。

解析：基本电费以月计算，当新装、增容、变更或终止用电时，基本电费计算按实用天数计算（日用电不足 24 小时的按一天计算），每日按全月基本电费的三十分之一计算。核算人员应依据业扩人员传递过来的用电工作传票进行电费核算。上述案例中，电费核算人员在没有任何依据的情况下私自减少基本电费的收取，暴露出供电公司营销管理存在漏洞，内控机制不健全。

案例 2-18 变压器暂停超过规定次数

××有限公司，供用电合同显示该客户变压器容量合计为 4995kVA。2014 年营销管理信息系统显示，该客户 4 次暂停变压器。第二次暂停后，2014 年 10～12 月少计算基本电费 85 800 元。

解析：《供电营业规则》第二十四条规定："客户在每一日历

年内，可申请全部（含不通过受电变压器的高压电动机）或部分用电容量的暂时停止用电两次，每次不得少于十五天，一年累计暂停时间不得超过六个月。"上述案例中，核算人员按每次暂停后运行变压器的容量计算基本电费，不仅给企业造成了电费流失风险，同时也给企业带来了经营管理风险，而且易产生舞弊行为，应引起足够的重视。

案例 2-19 未按规定进行电费核算

×× 化工有限责任公司，营销管理信息系统显示该客户立户日期为 2005 年 9 月 5 日，原容量 1945kVA（1000kVA ＋ 315kVA×3），2013 年 5 月 19 日该客户申请增容一台 630kVA 变压器，增容后该户总容量为 2575kVA。2014 年 10 月 10 日暂停一台容量为 315kVA 的变压器，暂停期内基本电费累计少收 66 768.75 元。

解析：《供电营业规则》第二十三条第五款规定，"减容期满后的客户以及新装、增容客户，两年内不得申办减容或暂停。如确需继续办理减容或暂停的，减少或暂停部分容量的基本电费应按 50% 计算收取。"上述案例中该客户系增容客户，增容后在两年内办理暂停，暂停期内的基本电费要收 50%。

案例 2-20 无依据进行电费冲退

×× 洗煤厂，营销管理信息系统显示其变压器容量为 400kVA。2013 年 10 月 11 日该客户办理暂停恢复手续。2013 年 10 月，营销管理信息系统对计算的基本电费 0.75 万元无依据进行了冲退。

解析：客户发生变更用电时，电费核算人员应依据用电工作传票进行电费核算。上述案例中，无依据对客户电费进行冲退，反映出该供电公司在电费执行上缺乏严肃性，同时暴露出该供电公司内控制度不严格，电费执行随意性强。

案例 2-21 虚拟电量

营销管理信息系统反映无名称客户 2013 年 1 月内存电量 30 000kWh，执行农业生产电价。

解析： 客户用电电量是根据其在供电公司立户装设的电能计量装置表计示数进行电费核算的。上述案例中，无名称用电客户内存电量 30 000kWh，显然该客户是一个电费虚拟户。虚假的电费数据暴露出该供电公司营销管理漏洞较大，内部缺乏有效监控。

案例 2-22 高价低计

户名××，营销管理信息系统反映该客户执行的电价类别为农业生产电价，月用电量均为 300kWh，现场落实该客户为居民居住的宅院，从事宾馆、酒店洗衣业务。

解析： 电价执行类别应与现场实际情况相符。对于从事宾馆、酒店洗衣业务性质用电，按照电价执行范围规定，该客户应执行一般工商业下的商业用电电价。针对上述问题，应根据《供电营业规则》第一百条第一款规定，要求该客户除了补交电价差额外，还应根据用电时间接受 2 倍罚款。

案例 2-23 未装设峰谷表计、未执行峰谷分时电价

××有限责任公司，营销管理信息系统反映该客户执行的用电类别为一般大工业，计量方式显示该客户未装设峰谷表计、未执行峰谷分时电价。

解析： 峰谷分时电价执行范围规定："铁路、煤炭、商业服务业，以及容量在 100kVA 及以上的用电户执行峰谷分时电价。执行峰谷分时电价的客户都必须装分时电能表，按分时电能表计

量收费。"一般大工业电价执行范围："变压器容量在 315kVA
及以上以电为原动力，或以冶炼、烘焙、熔焊、电解、电化的一
切工业生产用电。"上述案例中，××有限责任公司显然在执行
峰谷分时电价范围内，但却未按规定执行峰谷分时电价，一方面
暴露出该供电公司营销人员业务知识欠缺；另一方面存在里勾外
联嫌疑。

案例 2-24 安装峰谷表计未执行峰谷分时电价

××有限责任公司，营销管理信息系统反映该客户变压器容
量为 200kVA，执行一般工商业电价，计量方式显示该客户安装
了峰谷表计，但电费清单显示该客户未按峰谷电价核算电费。

解析： 峰谷分时电价执行范围规定："铁路、煤炭、商业服
务业，以及容量在 100kVA 及以上的用电户执行峰谷分时电
价。"上述案例中，该客户用电容量超过 100kVA，且计量装置
设置正确，但实际却不按规定峰谷电价执行，暴露出该供电公司
营销岗位间的内部控制和稽核没有形成有效牵制。

案例 2-25 错误设置计费表计

××煤焦有限公司矸石发电厂，营销管理信息系统显示该客
户以两块表计计费，主表执行 1~10kV 电价大工业电价，套表
执行 110kV 一般大工业电价，无计量表计，未执行峰谷分时
电价。

解析： 上述案例存在三个方面的错误：一是该户电价电压等
级是错误的。电价的电压等级依据是供电侧一次电压，若主表为
1~10kV 电压等级电价，套表也相应执行 1~10kV 电压等级电
价。二是《供电营业规则》第七十四条规定，用电计量装置原则
上应装在供电设施产权分界处。如产权分界处不适宜装表，则对
专用线路供电的高压客户，可在供电变压器出口装表计量；对公

用线路供电的高压客户，可在客户受装置的低压侧计量。套表没有装表计量显然是错误的。三是该客户在执行峰谷分时电价范围内。上述案例暴露出该供电公司对××煤焦有限公司矸石发电厂电费计算方法存在里勾外联嫌疑，应引以为戒。

案例 2-26　峰谷表计设置错误

××煤焦有限公司为大工业用电户，装设峰谷表计，2013 年 5 月电费清单显示该客户表计设置为总段、峰段、谷段、平段。

解析：营销管理信息系统中，客户用电量计算公式平段电量＝总电量—峰电量—谷电量，也就是平段表计在系统中是不再设置的。表计设置错误，可能导致计费不准确。上述案例暴露出营销管理各个岗位上的人员业务不衔接，没有形成完善的制度。

案例 2-27　功率因数标准执行错误

1.××医院，系统显示该客户受电变压器总容量为 3530kVA，执行一般工商业（非普）1～10kV 电价，考核的功率因数标准为 0.90。

2.××生态农业公司，系统显示该客户受电变压器容量为 100kVA，执行农业 1～10kV 电价，考核的功率因数标准为 0.85。

解析：根据功率因数执行标准规定：上述案例中××医院的变压器容量虽然超过 100kVA，但因其不属于工业用电，所以其功率因数考核标准应为 0.85。而××生态农业公司，按照其电价类别，应执行标准为 0.80。

案例 2-28　未执行功率因数考核电费

1.××公司，受电变压器容量为 200kVA，未装无功表计，未执行功率因数考核电费。

2. ××有限责任公司，用电容量为 280 000kVA，未执行功率因数考核电费。

解析： 根据功率因数执行标准规定："用电设备容量在 100kVA 及以上的客户应装无功表计，并应根据用电性质、变压器容量的大小确定功率因数调整电费执行标准。"上述案例中，客户都在执行功率因数标准范围内，不装设无功表计，不执行功率因数考核电费显然是错误的。

案例 2-29 无功指示数奖励电费

2014 年 12 月电费清单反映××房产开发无功指示数月初为 811，月末为 811。功率因数 1，奖励－1.1％，全额 862.07 元。

解析：《供用电营业规则》第四十一条规定："无功电力应就地平衡。客户应在提高用电自然功率的基础上，按有关标准设计和安装无功补偿装置，并做到随其负荷和电压变动及时投入或切除，防止无功电力倒送。"上述案例中，该客户装设无功表计，指示数却不走字，导致功率因数达到 1，给客户退电费。该案例暴露出该供电公司执行国家电价政策不严，加之电费稽核不细，考核、指导工作又未做到位，造成了对该客户功率因数调整电费奖励问题。

案例 2-30 套表功率因数标准执行错误

××新型材料开发公司，营销管理信息系统反映该客户 2013 年 7 月 14 日新装变压器容量为 1×630kVA＋1×250kVA＝880kVA，定比 10％非居民电量执行 0.90 功率因数标准，奖励力调电费 240.96 元。

解析： 根据功率因数执行标准规定，××新型材料开发公司里的非居民用电显然不属于工业用电。根据上述案例情况，该客户大工业电价部分的功率因数标准为 0.90，套表非居民电量的功率因数标准应按 0.85 执行。

案例 2-31　未抄无功表计奖励电费

××变电站，2013 年 12 月电费明细清单反映该客户有功电量为 151 800kWh，无功表计无指示数，奖励力调电费 709 元。

解析：电费核算根据计费电能表指示数进行，上述案例中核算人员在无功表计没有指示数的情况下进行电费核算，导致奖励客户电费，造成了电费收入流失风险，扰乱了供电秩序，存在舞弊风险。

第三节　电费收缴业务

一、电费收缴业务要点

（1）电费退补只能根据"补、退电费工作单""用电异常报告单"或"用电工作传票"，并经审核无误后，方可进行补收或退还电费。

（2）对一般新装用电客户（居民生活用电除外），应签订《电费分次付款协议》。分次交费结算遵循用电期中付款原则，每次交付电费额度（含代征），应在本额度电费消耗期间的中点。

（3）对季节性用电、临时性用电、非产权人员或部门承包性用电客户，必须签订《付费售电协议》。付费售电遵循用电期前预付原则，每次交付电费额度应在本额度电费消耗期间之前。

（4）对于中断供电可能造成人身伤亡、环境严重污染、重要设备损坏、连续生产过程长期不能恢复，或造成重大社会影响和不稳定因素的重要负荷用电客户（即对实施停电催费有障碍的用电客户），除应签订《电费分次付款协议》或《付费售电协议》外，还必须签订《电费担保合同》。

二、电费收缴业务易出现的错误

（1）虚拟电费。

（2）用在途资金替代电费。

（3）用另外客户电费顶交。

三、电费收缴业务典型问题案例解析

案例 2-32 在途资金实则为欠费

××有限公司，营销管理信息系统显示该客户电费在途超过30天，金额为3亿元，经核实该资金为欠费余额。

解析： 电费回收率指标考核暂行办法规定："各单位要严格按照公司统计管理规定，统计和上报当年各月电费回收率完成情况，严禁在统计数据上弄虚作假。经查实月度或年度上报统计数据有弄虚作假行为的，一律按未完成年度电费回收率指标考核目标值进行考核。"上述案例中，收费员在没有回收电费的情况下，虚入系统电费金额。该供电公司为完成电费回收率虚拟账户，在造成财务账务信息失真的同时，电费回收指标也同样失真。

案例 2-33 未计算电费

××客户，电费在途超过30天，金额为120.31万元，其中××水泥有限公司2014年6月欠费55.75万元，7月未计算电费，按照电能信息采集系统7月2日指示数计算，该客户当月电费应计9.73万元，合计欠费65.48万元。

解析：《供电营业规则》第六十六条第二款规定："拖欠电费经通知催交仍不交者，经批准方可中止供电。"上述案例中，该客户在欠费情况下，不仅没有按照规定对其采取停电措施，反而用电不计收电费，其性质异常恶劣。所以，应加强对营销管理信息系统中电费账务的监控，加强对营销账务的审计与稽核。

案例 2-34　报表相互之间数据不同

××公司，2014 年 12 月堵漏增收统计表（累计）显示"应收电费总额 265.92 万元"，比 2014 年 1～12 月经济活动分析材料中"堵漏增收本期完成 252.71 万元"多 13.21 万元。

解析：随着营销管理信息系统的广泛推广使用，营销管理信息系统内的数据应与报表数据一致。上述案例中，该供电公司统计报表数据与分析材料数据不一致，反映出该公司依然存在数据调整、电费数据不真实的问题。

第三章

用电检查工作要点及案例解析

第一节 用 电 检 查

一、用电检查要点

（1）安全检查工作要点：自备电源防倒送装置和双电源相互闭锁装置的可靠性；客户受（送）电装置中电气设备运行安全状况；客户电气设备预防性试验的开展情况；自备应急电源配置及运行情况；非电性质的保安措施；防窃电装置的运行情况；客户应急措施及应急预案；客户进网作业电工的资格、进网作业安全状况及作业安全保障措施；35kV及以上降压变电站客户的"两票""三制"执行情况；用电计量装置、负荷管理装置、继电保护和自动装置、调度通信等安全运行状况。

（2）防违约用电检查要点：是否存在违反国家有关电力供应与使用的法规、方针、政策、标准、规章制度的情况；是否存在违反供用电合同及有关协议的情况；是否在电价低的供电线路上擅自接用电价高的用电设备或私自改变用电类别；是否私自超过合同约定容量用电；是否擅自超过计划分配的用电指标；是否擅自使用已在供电企业办理暂停使用手续的电力设备，或者擅自启用已被供电企业查封的电力设备；是否擅自迁移、更动或擅自操作供电企业的用电计量装置、电力负荷控制装置、供电设施以及约定由供电企业调度的客户受电设备；是否未经供电企业许可，擅自引入、供出电源或将自备电源并网。

（3）防窃电检查要点：是否在供电企业供电的设施上，擅自接线用电；是否绕越供电企业的用电计量装置用电；是否伪造或者开启法定的或授权的计量检定机构加封的用电计量装置封印用电；是否故意损坏供电企业用电计量装置；是否故意使供电企业用电计量装置不准或者失效；是否采用其他方法窃电。

（4）其他方面的调查与检查检验要点：电容器补偿容量是否足够及其投切装置是否正常运行；客户电气事故的调查和处理等。

二、用电检查易出现的错误

（1）进入用电现场不戴安全帽，安全防护意识较差。
（2）未按规定时间对不同客户开展用电检查。
（3）未按现场实际违约情况进行处罚。
（4）现场替代客户作业。

三、用电检查典型问题案例解析

案例 3-1　高价低挂

2015 年 4 月 20 日现场检查××公司时，发现该客户由于扩建，正在盖厂房，核实营销管理信息系统这部分电量未执行一般工商业电价。

解析：《供电营业规则》第一百条规定："供电企业对查获的违约用电行为应及时予以制止。有下列违约用电行为者，应承担其相应的违约责任。"第一款规定，"在电价低的供电线路上，擅自接用电价高的用电设备或私自改变用电类别的，应按实际使用日期补交其差额电费，并承担二倍差额电费的违约使用电费。使用起讫日期难以确定的，实际使用时间按三个月计算。"上述案例中，该客户显然存在高价低挂违约用电行为，反映出该供电公司用电检查存在不足，应引起重视，做出改进。

案例 3-2 户名类同私自转供电

××公司，由于行业不景气，2012 年 6 月更名为××科技有限公司，从事电动车和汽车电瓶及蓄电池生产，现场检查时发现该客户向一墙之隔的××科技股份有限公司转供电，转供变压器容量为 3200kVA。核查××科技股份有限公司营业执照，执照上的法人与××科技有限公司不是同一人。

解析：《供电营业规则》第一百条第六款规定："未经供电企业同意，擅自引入（供出）电源或将备用电源和其他电源私自并网的，除当即拆除接线外，应承担其引入（供出）或并网电源容量每千瓦时（千伏安）500 元的违约使用电费。"所以，该公司应缴纳 3200×500＝1 600 000 元违约金，同时按规定立即拆除供出电源的接线。上述案例的转供电具有非常大的隐蔽性，所以用电检查人员应具有职业敏感性、职业判断能力以及丰富的工作经验。

案例 3-3 户名不同私自转供电

2014 年 8 月 7 日，用电检查人员对××铝业有限公司进行检查时，发现该企业对东门墙外××新材料有限公司私自转供电。核查××新材料有限公司用电情况，发现该公司接线来自××铝业铸造车间低压配电室 5 号炉 1 区，××铝业有限公司每月对其装表计费。表计的表号为 1××256，互感器倍率为 500/5，表计指示数显示为 25 519，核查铸造车间抄表记录情况见表 3-1。

表 3-1　　　　　**××铝业铸造车间抄表明细**

日期	指示数	倍率	电量（kWh）
1 月 5 日	25 501	100	
1 月 6 日	25 507	100	600

日期	指示数	倍率	电量（kWh）
1月7日	25 509	100	200
1月8日	25 519	100	1000

由此断定××铝业有限公司对××新材料有限公司私自转供电。

解析：《供电营业规则》第一百条第六款规定："未经供电企业同意，擅自引入（供出）电源或将备用电源和其他电源私自并网的，除当即拆除接线外，应承担其引入（供出）或并网电源容量每千瓦（千伏安）500元的违约使用电费。"根据表计示数情况，应收取的违约使用电费＝（600＋200＋1000)/3×365＝219 000/720×12＝25.35×500＝12 675元。

> ### 相关知识链接
>
> 供电企业对查获的违约用电行为应及时予以制止。有下列违约用电行为者，应承担其相应的违约责任：
>
> （1）在电价低的供电线路上，擅自接用电价高的用电设备或私自改变用电类别的，应按实际使用日期补交其差额电费，并承担二倍差额电费的违约使用电费。使用起讫日期难以确定的，实际使用时间按三个月计算。
>
> （2）私自超过合同约定的容量用电的，除应拆除私增设备外，属于两部制电价的客户，应补交私增设备容量使用月数的基本电费，并承担三倍私增容量基本电费的违约使用电费；其他客户应承担私增容量每千瓦（千伏安）50元的违约使用电费。如客户要求继续使用者，按新装增容办理手续。
>
> （3）擅自超过计划分配的用电指标的，应承担高峰超用电力每次每千瓦1元和超用电量与现行电价电费5倍的违约

使用电费。

（4）擅自使用已在供电企业办理暂停手续的电力设备或启用供电企业封存的电力设备的，应停用违约使用的设备。属于两部制电价的客户，应补交擅自使用或启用封存设备容量和使用月数的基本电费，并承担二倍补交基本电费的违约使用电费；其他客户应承担擅自使用或启用封存设备容量每次每千瓦（千伏安）30元的违约使用电费。启用属于私增容被封存的设备的，违约使用者还应承担本条第二款规定的违约责任。

（5）私自迁移、更动和擅自操作供电企业的用电计量装置、电力负荷管理装置、供电设施以及约定由供电企业调度的客户受电设备者，属于居民客户的，应承担每次500元的违约使用电费；属于其他客户的，应承担每次5000元的违约使用电费。

（6）未经供电企业同意，擅自引入（供出）电源或将备用电源和其他电源私自并网的，除当即拆除接线外，应承担其引入（供出）或并网电源容量每千瓦（千伏安）500元的违约使用电费。

案例 3-4　私自启用封存变压器

××矿业有限责任公司，营销管理信息系统显示该客户运行容量为1600kVA，于2015年1月1日报停，报停时间为2015年1月1日至5月25日报停。但电费信息一栏显示该户4月产生电量19 786kWh，5月产生电量2394kWh。用电信息采集系统显示该客户于2015年4月25日7时产生0.029A的电流，需量值为$0.019 \times 3000 = 57kW$；5月10日11时产生0.247A的电流，需量值为$0.124\ 5 \times 3000 = 373.5kW$；5月11日15时产生

1.88A 的电流，需量值为 0.282 7×3000＝848.1kW。由此断定该客户属于擅自使用封存的电力设备，应追补电费 115 200 元，应追补漏计基本电费 10 666.67 元，合计 125 866.67 元。

解析：《供电营业规则》第一百条第四款规定："擅自使用已在供电企业办理暂停手续的电力设备或启用供电封存的电力设备的，应停用违约使用设备。属于两部制电价的客户，应补交擅自使用或启用封存设备容量和使用月数的基本电费，并承担二倍补交基本电费的违约使用电费。"所以，应追补基本电费日期为 2015 年 4 月 25 日至 5 月 25 日。应追补基本电费为 1600×24＝38 400 元，违约使用电费为 38 400×2＝76 800 元，合计 38 400＋76 800＝115 200 元。

2014 年 12 月 25 日至 2015 年 1 月 2 日报停，应补收 8 天漏计基本电费：25/30×8×1600＝10 666.67 元。

合计应补收 125 866.67 元。

备注：基本电价 24 元/kVA 是以山西销售电价为例。

案例 3-5 A 相电流断相窃电

营销管理信息系统显示某客户运行容量为 125kVA，电流互感器变比为 200/5。现场检查发现该客户 A 相电流互感器 S2 未接出线。

解析：上述案例中，该台区 A 相电流互感器 S2 未接出线，说明 A 相电流断相，存在窃电嫌疑，由此暴露出台区管理力度不够。

案例 3-6 电流 A、C 相反接窃电

××街，营销管理信息系统显示该客户运行容量为 200kVA，电流互感器变比为 400/5，用电信息采集系统反映该客户电流 A、C 相反接。

解析： 上述案例中，用电采集系统反映该客户 A、C 相反接，暴露出该供电公司计量管理内控制度不健全，管理环节不严格，存在漏洞。

案例 3-7 A、C 相无电流窃电

××村，营销管理信息系统显示该客户变压器运行容量为 80kVA，电流互感器变比为 100/5。用电信息采集系统反映该客户 A、C 相无电流。

解析： 上述案例中，用电采集系统反映该客户 A、C 相无电流，造成了电费漏计，应根据用电时间进行电量追补。该客户变压器容量为 80kVA，根据互感器配置原则，应配置电流互感器变比 $=\dfrac{80}{\sqrt{3}\times 0.38}=121.58$，即 150/5。

案例 3-8 C 相无电压窃电

营销管理信息系统显示某客户变压器运行容量为 50kVA，电流互感器变比为 75/5，执行农业深井（扬程 101～300m）电价。现场核实，该客户变压器疑似为 75kVA，带有多家应执行农业生产电价的养殖户，并且该客户从 2013 年 10 月 9 日至 2015 年 5 月 19 日 B 相电压一直为 0。由于用电信息采集系统无法查询到 2013 年 10 月 9 日指示数，因此窃电起码按 2013 年 10 月电费止码计算，起码为 767.82，窃电止码为 3891.32，总电量为 (3891.32－767.82)×15＝46 852.5kWh。

解析： 上述案例说明该客户存在窃电行为，根据《供电营业规则》第一百零一、一百零二条规定，应追补电量电费如下：

窃电电量＝46 852.5/2＝23 426.25kWh

窃电电费＝23 426.25×0.390 2＝9140.92 元

违约使用电费＝9140.92×3＝27 422.76 元

合计　9140.92＋27 422.76＝36 563.69 元

备注：农业生产电价 0.390 2 元/kWh 是以山西销售电价为例。

案例 3-9　B、C 相无电压窃电

营销管理信息系统显示某客户电流互感器变比为 150/5，执行农业深井（扬程 101～300m）电价，定量 100kWh 执行一般工商业（非普）1～10kV 电价。现场核实，该客户带有 1 家应执行一般工商业（商业）1～10kV 电价的农家乐及多家应执行农业生产电价的客户。另外，该客户从 2015 年 3 月 23 日 16 时至 2015 年 5 月 20 日 B、C 相电压一直为 0，经现场检查，该户断开 B、C 相电压线窃电。窃电起码为 900.46，窃电止码为 1034.21，窃电总电量为（1034.21－900.46）×30＝4012.5kWh。

解析：上述案例暴露出该供电公司电价执行不严肃，管理环节存在疏漏，应重新核实该客户容量与光力比，并追补电价差。此外，还应根据《供电营业规则》第一百零一、一百零二条规定追补该客户所窃的电量电费：

窃电电量＝4012.5×2＝8025kWh

窃电电费＝8025×0.390 2＝3131.36 元

违约使用电费＝3131.35×3＝9394.07 元

合计　3131.36＋9394.07＝12 525.42 元

备注：农业生产电价 0.390 2 元/kWh 是以山西销售电价为例。

案例 3-10　A 相无电压、C 相无电流窃电

营销管理信息系统显示某客户电流互感器变比为 150/5，执行农业深井（扬程 101～300m）电价，定比 20% 执行农村居民 1～10kV 无附加电价。现场核实，该客户主供学校以及周边门面房用电。同时，该客户断开表计内部 A 相电压线、短接表计

内部 C 相电流线窃电。由于无法确定该客户窃电时间，按 6 个月电量 11 112kWh 进行计算。该客户私自拆除表计封印并破坏表计，造成两相电量漏计。

解析：上述案例暴露出该供电公司相关责任人责任心不强，徇私舞弊，应重新核实该客户容量与光力比，并追补电价差。此外，还应根据《供电营业规则》第一百零一、一百零二条规定追补该客户所窃的电量电费：

窃电电量＝11 112×2＝22 224kWh

窃电电费＝22 224×0.477＝10 600.85 元

违约使用电费＝10 600.85×3＋5000＝36 082.54 元

合计　10 600.85＋36 082.54＝47 403.39 元

案例 3-11　C 相电压线氧化造成电量漏计

××村，营销管理信息系统显示该客户电流互感器变比为 75/5，执行农业深井（扬程 101～300m）电价。该客户从 2014 年 12 月 8 日至 2015 年 5 月 19 日 C 相失压，现场检查，该客户 C 相电压线氧化，造成电量漏计。该客户 2014 年 12 月 8 日电能表指示数为 3169，现场检查时表计指示数为 3886，总电量为（3886－3169）×15＝10 755kWh。

解析：上述案例中，该客户已经 5 个多月 C 相电压线氧化失压，暴露出该供电公司管理粗放，应追补漏计的电量电费：

漏计电量＝10 755/2＝5377.5kWh

漏算电费＝5377.5×0.390 2＝2098.30 元

案例 3-12　C 相失压窃电

某客户，用电信息采集系统反映该客户电压异常，12 月 15 日瞬时电压：A 相电压 227V，B 相电压 228.1V，C 相电压 1.1V。现场核实，该农灌专台表箱被焊死，表计显示 C 相电流反接，C相失压。

解析： 农灌专台表箱被焊死，且C相失压，造成电费漏计，暴露出该供电公司内控流于形式，关键问题在于把计费表箱焊死，其用意不言而喻。该公司应从此案例中吸取教训，切实加强营销管理，防止里勾外联事件发生。

案例 3-13　窃电且私自转供电

某客户，执行农业深井（扬程101~300m）电价，用电信息采集系统反映该客户电压异常：12月15日瞬时电压情况：A相电压197V，B相电压180V，C相电压213V；A相电流0A、B相电流0A、C相电流0.25A。现场核实，该农灌专台通过地埋线，私自转供旁边磨坊用电，转供容量10kW。

解析： 根据电价执行范围规定，磨房用电属于一般工商业下的非普用电类别。上述案例中该客户通过地埋线私自转供电，具有一定的隐蔽性。《供电营业规则》第一百条第六款规定："未经供电企业同意，擅自引入（供出）电源或将备用电源和其他电源私自并网的，除当即拆除接线外，应承担其引入（供出）或并网电源容量每千瓦（千伏安）500元的违约使用电费。"故应收取违约使用电费 $10 \times 500 = 5000$ 元。

案例 3-14　C相电流反接窃电

某客户，用电信息采集系统电压异常分析结果列表显示该客户C相电流反接，即A相电流5.715A，B相电流5.909A，C相电流-5.909A。现场核实，该台区变压器容量为100kVA，电流互感器变比为150/5，串3匝，且C相接线处于烧断位置。

解析： 上述案例中该客户变压器容量为100kVA，根据公式电流互感器的变比 $= \dfrac{100}{\sqrt{3} \times 0.38} = 151.97$，串3匝后，电流互感器变比为 50/5，显然串 3 匝后，电流互感器计费错误。C 相电流反接，且接线处烧断，造成电费少计一相。电费漏计、电流互感器串匝错误暴露出该供电公司内部控制和检查力度不够，应引起重视，做出改进。

案例 3-15 私自超过合同约定的容量用电

××队，用电性质为农业排灌，现场检查时，发现该客户私自将 30kVA 变压器更换为 80kVA。

解析：《供电营业规则》第一百条第二款规定："私自超过合同约定的容量用电的，除应拆除私增设备外，其他客户应承担私增容量每千瓦（千伏安）50 元的违约使用电费。"上述案例中，该客户应承担 $50 \times 50 = 2500$ 元违约使用电费，如需增容，办理正常业扩报装手续后方可使用。

案例 3-16 擅自使用已在供电企业办理暂停手续的变压器

××有限公司，2014 年 12 月 31 日申请办理暂停 2 号变压器，容量为 3150kVA，暂停日期自 2015 年 1 月 1 日至 2015 年 6 月 30 日。2015 年 4 月 8 日现场检查时发现，该客户 1 号电炉小车开关在拉出状态（断开），2 号电炉开关处于合闸状态。经向该客户电气负责人了解，1 号电炉变压器和 2 号电炉变压器根据需求一直在相互倒换使用。

解析：根据《供电营业规则》第一百条第四款规定："擅自使用已在供电企业办理暂停手续变压器，除了补交使用月数基本电费外，还应承担二倍基本电费的违约使用电费。"上述案例中，根据实际用电时间，该客户应补缴基本电费 $3150 \times 25 \times 3 = 236\ 250$ 元，收取违约使用电费 $236\ 250 \times 2 = 472\ 500$ 元，合计 708 750 元。

第二节　用　电　稽　查

一、用电稽查要点

（1）核查电费明细各部分计费是否符合要求。

（2）结合电费核查业扩报装各项业务办理是否符合政策要求，各环节是否在规定时限内办毕。

（3）检查实际线损完成情况是否与报表相符。

（4）按上报轮换计划检查有关计量表计轮换执行情况。

（5）检查对客户进行电量、电费退补时，是否按有关依据正确计算退补量、费。

（6）检查大工业客户发生容量变更后基本电费是否能正确收取。

（7）检查用电工作传票的填写是否规范，传递是否及时，营业计费信息是否依据用电工作传票信息及时作出修改。

（8）稽查需要客户提供的资料包括生产月报、内部电量报表、电耗报表、电费结算单据（含用电户内部电费结算表）等。

（9）根据客户生产月报，将不同类别的电量归类，核对其生产用电量、居民用电量等不同类别的用电量，算出比例。同时注意报表中有无其他名称户用电量，发现名称不一致，核对是否为同一企业（是否为同一法人，工商执照注册的法人名字），从而判断是否为私自转供电。

（10）与总表（也就是计费表计）电量进行核对，看电量的结构及比例。

二、用电稽查易出现的错误

（1）收取违约使用电费的金额与实际违约情况不相符。所收取私增容的容量和时间与现场不相符。窃电时间调整。容量不正确等。

（2）不按规定次数进行现场检查，以及用电检查单与实际检查次数不相符。

（3）大工业客户现场存在转供电、基建施工等问题。

三、用电稽查典型问题案例解析

案例 3-17　实际追补时间与实际违约时间不符

××煤化工有限公司，营销管理信息系统反映 2013 年 6 月 26 日检查出该户私自启用一台 800kW 电动机，按 51 天追补，追补电费为 34 000 元，收取违约使用电费 102 000 元，合计 136 000 元。2013 年 1～6 月电量情况见表 3-2。

表 3-2　　　　　　　　　　　2013 年 1～6 月电量情况

月份	电量（kWh）	月份	电量（kWh）
1	1 710 800	4	1 926 880
2	1 622 560	5	2 217 920
3	3 298 800	6	2 296 000

电量异常应为 3 个月，少追补电费 44 000 元。

解析：《供电营业规则》第一百条第二款规定："私自超过合同约定的容量用电的，除应拆除私增设备外，属于两部制电价的客户，应补交私增设备容量使用月数的基本电费，并承担三倍私增容量基本电费的违约使用电费。"上述案例中电量异常情况说明该客户违约用电时间应为 3 个月，所以，应追补电费 $800 \times 3 \times 25 = 60\ 000$ 元，违约使用电费 $60\ 000 \times 2 = 120\ 000$ 元，合计 180 000 元，少追补电费共计 $180\ 000 - 136\ 000 = 44\ 000$ 元。

案例 3-18 未按实际违约时间进行电费追补

××煤化工有限公司，营销管理信息系统反映该客户超合同容量 1080kVA，使用时间为 45 天，实际追补电费 24 300 元，收取违约使用电费 72 900 元，合计 97 200 元，少追补 64 800 元。

解析：违约用电规定，私自超过合同约定的容量用电的，除应拆除私增设备外，属于两部制电价的客户，应补交私增设备容量使用月数的基本电费，并承担三倍私增容量基本电费的违约使用电费。上述案例中，按照系统违约单所填写的违约时间 45 天来算，应追补该客户电费（1080＋1080÷30×15）×25＝40 500 元，40 500×3＝121 500 元，合计应追补 162 000 元，少追补 162 000－97 200＝64 800 元。

案例 3-19 高价低挂未按规定进行违约处罚

××化肥有限公司，营销管理信息系统反映该客户于 2015 年 7 月 25 日违约用电，违反《供用电营业规则》第一百条第一款规定，系高价低挂，工单申请编号为 1××2588××××，没有电费追补记录，没有收取违约金。

解析：根据营销管理信息系统所描述的违约情况，按照《供电营业规则》第一百条第一款规定："在电价低的供电线路上，擅自接用电价高的用电设备或私自改变用电类别的，应按实际使用日期补交其差额电费，并承担二倍差额电费的违约使用电费。使用起讫日期难以确定的，实际使用时间按三个月计算进行处罚。"上述案例中，对违约用电户已起单却没有及时进行违约处罚，暴露出该供电公司稽查处罚随意性较大，应引以为戒。

案例 3-20 起单却未按规定进行违约处罚

××水泥有限公司，合同容量 23 835kVA，2008 年 5 月 21 日立户，营销管理信息系统反映 2014 年 3 月 21 日用电检查人员检查时发现该客户私增容量 2300kVA，追补的基本电费 1 667 500 元，违约使用电费 5 002 500 元，合计 6 670 000 元，核查营销管理信息系统没有该笔费用记录。

解析：《供电营业规则》第一百条第二款规定："私自超过合同约定的容量用电的，除应拆除私增设备外，属于两部制电价的客户，应补交私增设备容量使用月数的基本电费，并承担三倍私增容量基本电费的违约使用电费。"上述案例反映出该供电公司内控管理流于形式，在稽查管理中极易产生舞弊行为。

案例 3-21　违约金违规缓交

截至 2014 年 6 月末，××公司涉及违约金全缓户数 2000 户，其中××公司存在违约金全缓手续未填写暂缓原因的情况，涉及 1102 户，违约金额 0.27 万元。

解析：《供电营业规则》第一百条规定："对违约用电应按照其违约条款进行相应处罚。"上述案例中，该供电公司对查处的违约用电没有按时收取违约金，无疑给企业造成了损失，暴露出该公司执行国家电价政策不严，违约金收取随意性太大。

案例 3-22　需量超容量

××矿业有限公司，营销管理信息系统显示该客户变压器运行容量 1150kVA，抄表信息一栏显示该客户 2014 年 12 月需量值为 1268kW，需量超容量为 1268−1150＝118kW，应补收基本电费 2832 元，补收私增容量基本电费 8496 元。

解析：对于按容量计收基本电费的客户，若用电需量超过变压器容量，应视同私自超过合同约定容量的用电行为进行处理。《供电营业规则》第一百条第二款规定："私自超过合同约定的容量用电的，除应拆除私增设备外，属于两部制电价的客户，应补交私增设备容量使用月数的基本电费，并承担三倍私增容量基本电费的违约使用电费。"所以，上述案例中，除了补收基本电费 $118 \times 24 = 2832$ 元外，还应收违约使用电费 $2832 \times 3 = 8496$ 元，合计 11 328 元。

案例 3-23 人工更改表计需量指示数

××机械有限公司，运行容量500kVA，倍率1000，营销管理信息系统显示该客户5月用手工录入表计需量指示数0.36，用电信息采集系统显示为0.76。手工录入的指示数与采集示数不符，造成该客户基本电费漏计。

解析：对按容量计收基本电费的客户，若用电需量超过变压器容量，应视同私自超过合同约定容量用电的行为；根据《供电营业规则》第一百条第二款规定："私自超过合同约定的容量用电的，除应拆除私增容设备外，属于两部制电价的客户，应补交私增设备容量使用月数的基本电费，并承担三倍私增容量基本电费的违约使用电费。"

该客户实际最大需量＝采集系统需量指示数×倍率＝$0.76 \times 1000 = 760$kW

超过容量值＝实际最大需量－运行变压器容量值＝$760 - 500 = 260$kW

应补收私增容容量基本电费＝$260 \times 24 = 6240$ 元

应收取违约使用电费＝$6240 \times 3 = 18\ 720$ 元

合计 $6240 + 18\ 720 = 24\ 960$ 元

案例 3-24 报停私自启运

××选矿厂，报装容量2075kVA，营销管理信息系统显示该客户于2015年1月办理变压器暂停手续，暂停容量1875kVA，运行容量200kVA。2015年4月恢复运行后，没有走业扩流程，造成系统中按照运行 200kVA 计算，理论最大电量为 144 000kWh，实际用电量 537 801kWh，超容 273.47%。

解析：《供电营业规则》第一百条第二款规定："擅自使用已在供电企业办理暂停手续的电力设备或启用供电企业封存的电力设备的，应停用违约使用的设备。属于两部制电价的客户，应补交擅自使用或启用封存设备容量和使用月数的基本电费，并承担二倍补交基本电费的违约使用电费。"上述案例中，该客户应补收基本电费 1875×3×24＝135 000 元，应收取违约使用电费 135 000×2＝270 000 元，合计 405 000 元。

备注：该违约按 3 个月计收，以山西省基本电价为例。

案例 3-25 改压后未及时在营销管理信息系统归档

某客户原为低压非居民照明用电，供电电压为交流 380V，2015 年 4 月 8 日该客户办理"改压"业务，改为高压供电，电压为交流 10kV，启用 50kVA 变压器。该客户改压后，业扩人员未及时将改压信息归档，4 月 16 日抄表核算，实际用电量为 18 000kWh，被营销稽查监控系统视为异常。

解析：由于营销管理信息系统自动判断 4 月运行天数为 8 天，而 50kVA 变压器理论最大电量为 9600kWh，导致被营销稽查监控系统视为异常。该案例反映出该供电公司业扩人员责任心不强，未按业务受理规定，未将改压信息及时归档。

第四章

线损管理工作要点及案例解析

第一节　供　电　量

一、供电量要点

（一）管理方面

（1）建立线损管理体系，制定线损管理制度。

（2）加强基础管理，建立健全各项基础资料。基础资料健全与否，直接关系到线损管理是否到位，可以进一步掌握管理中存在的问题，为制定切实可行的降损措施打好基础。

（3）开展线损理论计算工作。理论计算对线损管理有着非常重要的指导意义，通过理论计算可以全面掌握各个供电环节的线损状况和存在的问题。

（4）开展线损小指标活动。细化的线损小指标能够起到制约、人人都关注的作用。

（5）各级电网的负荷数据必须时时能够采集。防止由于人为抄表而造成电量数据不真实，导致线损管理中存在漏洞。

（6）定期开展变电站母线电量平衡工作。认真开展母线电量不平衡率统计工作，特别是关口点所在的母线和 10kV 母线，其合格率应达到 100%。

（二）技术方面

（1）电力网在规划设计时，应将降损节能作为规划设计的重要内容，采取各种行之有效的降损措施，重点抓好电网布局、简化电压等级、防窃电等工作。优先实施投资少、工期短、降损效果显著的节能项目和措施，不断提高电网的经济运行水平。

（2）提高功率因数。应遵循"全面规划、合理布局、分级补偿、就地平衡"的原则，采用"集中补偿与分散补偿相结合，以分散补偿为主；高压补偿与低压补偿相结合，以低压补偿为主；调压与降损相结合，以降损为主"的补偿方式。

（3）采用低损耗和有载调压变压器，逐步更新高损耗变压器。

（4）改进不正确的接线方式，包括迂回供电、卡脖子线路、配电变压器不在负荷中心的线路。

二、供电量易出现的错误

（1）关口文件计量编号与线损报表编号不同。

（2）不按实抄指示数进行线损报表填报。

（3）通过更换表计进行供电量调整。

（4）旁代电量不及时进入线损报表统计。

（5）工作票换表指示数与电量计算不一致。

三、供电量典型问题案例解析

案例 4-1 文件规定信息与报表信息不符

1. ××发展〔2014〕215 号文件下发××公司计量点名称为××石 155、156，2014 年省网关口统计表显示的名称为××山 155、156，两者不一致。

2. ××发展〔2014〕29 号文件中下发的××山变电站开关编号为 3601、3602，2014 年 12 月 "110kV××山变电站运行月报"中开关编号显示为 3621、3622，两者不一致。

解析：供电量是线损报表的重要组成部分，实际工作中，供电量依据网省关口文件下发的变电站名称及编号进行统计。上述案例中，该供电公司不按上级公司下发文件的编号及名称进行供电量统计，导致关口供电量计算错误、营销数据失真。

案例 4-2　用电工作传票指示数与线损报表指示数
　　　　　不符

2013 年 8、9 月，××发电厂（站）出线关口分时电量报表月末指示数衔接不上，线损报表中表计指示数情况见表 4-1。

表 4-1　　　　　　　**2013 年 8、9 月线损报表指示数**

线路编号	倍率	8 月线损报表月末指示数（旧表）	9 月新表指示数
××1×5（+）	132 000	2412.2	11.23
××3×1（+）	105 000	1207.45	1.57
××3×2（+）	105 000	778.01	3.03
××站变（一）	28 000	134.76	0.03
×××城（一）	28 000	1336.14	3.223

根据提供的用电工作传票，其中××3×2（+）、××站变（一）计量工作传票上所反映的旧表拆回指示数与线损报表中 8 月月末指示数（旧表）不一致，具体情况见表 4-2。

表 4-2　　　　　**8 月用电工作传票与线损报表指示数**

线路编号	倍率	8 月线损报表月末指示数（旧表）	计量工作传票拆回旧表指示数
××3×2（+）	105 000	778.01	788.01
××站变（一）	28 000	134.76	134.36

关口 3×2（+）少计电量 105 000kWh，关口 3×1 站变（一）多计电量 11 200kWh，关口少计电量合计 93 800kWh。

解析：线损是国家考核电力部门的一项重要经济指标，也是表征电力系统供电单位设计、生产、经营管理水平的一项综合性技术经济指标。线损指标若存在虚假，企业的真实利润就无法真正体现，领导后期决策就会出现失误。上述案例通过换表少计电量，暴露出该供电公司线损指标失真。

案例 4-3　关口报表指示数与关口抄表卡指示数不符

××公司 220kV 站至×中Ⅱ回 1×2 线路，2014 年 12 月关口电量报表指示数与抄表卡指示数不符，具体情况见表 4-3。

表 4-3　　　2014 年 11、12 月关口报表与抄表卡指示数

名称	11 月指示数	12 月指示数	倍率	电量 （万 kWh）	相差 （万 kWh）
关口报表指示数	3970.47	4063.19	132 000	1223.90	92.40
抄表卡指示数	3977.47	4063.19	132 000	1131.504	

2014 年 12 月关口多计供电量 924 000kWh。

解析：电量数据统计依据抄表人员所抄的电能表示数。上述案例中，该公司关口电量报表指示数与抄表卡指示数不符，暴露出该公司供电量存在调剂。粉饰过的统计报表数据不能反映营销经营的真实情况，还易导致后期决策失误，反映出该供电相关领导法律意识淡薄，不重视内部控制制度，为达到完成指标目的不惜弄虚作假。

案例 4-4　关口电量报表指示数与运行月报指示数不符

××公司××线 495、××线 493、××线 882、××线 491，2014 年 12 月关口电量报表指示数与运行月报指示数不符，具体情况见表 4-4。

表 4-4　　2014 年 12 月关口电量报表指示数与运行月报指示数

名称	线路名称	11 月指示数	12 月指示数	倍率	电量（万 kWh）	相差（万 kWh）
关口报表指示数	××线 495	6977.78	6977.78	42 000	0	1.1
运行月报指示数		8950.15	8950.4	42 000	1.1	
关口报表指示数	××线 493	5125.19	5125.19	21 000	0	1182.4
运行月报指示数		9443.36	9724.89	42 000	1182.4	
关口报表指示数	××线 882	3726.66	3726.66	16 000	0	278.6
运行月报指示数		6294.4	6468.51	16 000	278.6	
关口报表指示数	××线 491	12 052.49	12 052.49	42 000	0	0.5
运行月报指示数		14 120.11	14 120.24	42 000	0.5	

解析： 实际工作当中，生产、营销各个部门根据各自需要每月在统一时段进行关口电量统计。上述案例中，根据运行月报抄表示数推断出营销报表存在不真实问题。为此，该供电公司应加强用电营销工作管理，严格执行内部控制制度，用真实的数据反映企业的经营状况。

案例 4-5　运行月报供电量与综合线损报表供电量相差较大

××公司专线 854××线、××849××线、××851××

线、××873××线、××863×（853）12月综合线损同期报表
与变电站运行月报供电量相差较大，具体情况见表4-5。

表4-5　12月××公司综合线损供电量和运行月报供电量情况

名称	综合线损同期报表供电量（万 kWh）	运行月报供电量（万 kWh）	运行月报供电量与综合线损报表供电量相差（万 kWh）
854	8.4	34.8	26.4
849	22.08	19.6	−2.84
851	223.76	62.9	−160.86
873	60.75	56.4	−4.35
863	30.1	（863＋853）40.4	10.3

解析：上述案例中，该公司综合线损报表中的供电量与运行
月报供电量在数值上存在较大差异，暴露出该供电公司为了完成
上级下达的指标，虚报供电量，同时反映出该公司监管不力，考
核控制手段不完善，监督、检查执行力度较弱。

案例4-6 电量不平衡率报表数与实际核实数不符

××公司2014年12月电量不平衡率报表数与实际核实数不
符，具体情况见表4-6。

表4-6　　　　　母线电量不平衡率报表数和核实数

站　名	报表数			核实数		
	输入电量（kWh）	输出电量（kWh）	不平衡率（%）	输入电量（kWh）	输出电量（kWh）	不平衡率（%）
××变电站10kV母线电量不平衡率	864.69	860.25	0.54	853.77	819.93	7.62
××变电站35kV母线电量不平衡率	482.22	495.11	−2.67	538.54	495.11	8.06

解析：母线不平衡率是线损管理的一项重要经济技术指标，其计算公式如下

$$母线电量不平衡率（\%）= \frac{输入电量－输出电量}{输入电量} \times 100\%$$

该指标体现了电力经营情况。上述案例通过核实母线电量不平衡率报表，反映出该供电公司线损管理存在虚假嫌疑，暴露出该公司线损管理缺乏监管机制，造成了经营上的风险和管理上的风险。

案例 4-7 电量不平衡率超出标准范围

2014 年电量不平衡率报表反映××公司××站 10kV 母线不平衡率超标一直未整改，具体情况见表 4-7。

表 4-7　　　　**××公司 2014 年电量不平衡率情况**

月份	当月不平衡率（%）	累计不平衡率（%）
1	20.355	20.355
2	11.843	16.314
3	35.081	22.365
4	20.612	21.963
5	25.561	22.622
6	24.16	22.866
9	24.70	24.31
11	−230.89	20.13
12	−270.17	13.03

解析：母线不平衡率是线损管理的一项重要经济技术指标，它体现了电网规划设计水平、生产技术水平和经营管理水平，规定要求 10kV 母线电量不平衡率的合格率为 100%。上述案例中 1～12 月电量不平衡率一直处于超标状态，一定程度上反映出该供电公司线损管理相关责任人责任心不强，线损管理工作粗放。

相关知识链接

对变电站母线电量不平衡率指标要求：

（1）发电厂和 220kV 及以上变电站母线电量不平衡率不应超过±1%。

（2）220kV 以下变电站母线电量不平衡率不应超过±2%。

（3）关口点所在母线电量不平衡率的合格率为100%。

（4）10kV 母线电量不平衡率的合格率为100%。

第二节 售 电 量

一、售电量要点

（1）加强计量管理，提高计量准确性。定期轮换和校验，减少计量差错，主要重在防止由于计量装置不准而引起线损波动。

（2）改进和关注抄表、核算、报表各方指示数。抄表日期对线损率波动影响非常大，不能提前和推后，随意更改抄表日期。

（3）开展用电普查，堵塞营业漏洞。查偷漏、查卡账、查互感器、查电能表接线和准确性，以及查私自增加变压器容量等，预防电量丢失。

（4）开展电网经济运行工作。根据电网潮流分布情况，合理调度，及时停用轻载或空载变压器，利用 AVC 无功电压管理系统投切电力电容器，努力提高电网的运行电压，降低网损。

二、售电量易出现的错误

（1）线损报表统计的售电量与实抄售电量不符。

（2）同一售电量不同单位统计结果不同。

三、售电量典型问题案例解析

案例 4-8　预埋售电量造成线损率不真实

××公司，2014 年抄表卡显示"××铁路"抄表示数与电费清单示数不一致，致使售电量少计 2507.076 万 kWh。

解析： 售电量作为线损电量统计的一项重要数据，其真实性对企业决策至关重要。线损管理考核规定："线损报表要真实、准确，不得误报、瞒报。"上述案例通过预埋售电量，完成线损指标，造成线损报表与实际数据不符，从而影响到该供电公司整体经营指标的真实性。失真的营业数据不仅不能反映真实的营销业务情况，还为后期的计划和决策产生了误导。所以，该公司应切实重视营业指标管理的严肃性，对照考核指标，采取积极手段，挖掘潜力，据实完成，而不是弄虚作假，刻意粉饰。

案例 4-9　线损售电量与实际售电量不符

××县×35、×36 线路，2013 年 11～12 月 10kV 线损报表售电量多统计 20 万 kWh，具体情况见表 4-8。

表 4-8　2013 年 11～12 月核查表与统计表线损售电量

线路编号	10kV 分线线损核查表售电量 （万 kWh）	分线售电量统计表售电量 （万 kWh）	相差 （万 kWh）
×35	170.03	153.03	17
×36	218.94	215.94	3

解析： 根据线损统计规则，售电量作为线损报表中重要数据，其真实性非常重要。上述案例中，同一条线路，售电量数据不同，暴露出该供电公司刻意粉饰 10kV 线路线损指标，人为在 10kV 线路上调增售电量。

案例 4-10　报表电量与抄见电量不符

××县××村（一）号公用台××科提供 11~12 月抄见电量 11 280kWh，×××所提供 11~12 月抄见电量 6990kWh，××科多报电量 4290kWh。

解析： 线损分为统计线损、理论线损、管理线损、经济线损和定额线损，为了充分反映供电企业管理水平，线损分层次逐级统计。上述案例中，对同一公用台，×××所提供的抄见电量与××科报表数据不同，暴露出××科更改抄表数据，导致线损信息失真。

相关知识链接

（1）统计线损：根据电能表指示数计算出来的线损，是供电量与售电量的差值。

（2）理论线损：根据供电设备的参数和电力网当时的运行方式、潮流分布以及负荷情况，由理论计算得出的线损。

（3）经济线损：对于设备状况固定的线路，理论线损并非一个固定的数值，而是随着供电负荷大小的变化而变化的，实际上存在一个最低的线损率，这个最低的理论线损率称为经济线损，相应的电流称为经济电流。

（4）定额线损：也称线损指标，是指根据电力网实际线损，结合下一考核期内电网结构、负荷潮流情况以及降损措施安排情况，经过测算，上级批准的线损指标。

第五章

客户服务工作要点及案例解析

第一节 营业厅服务

一、营业厅服务要点

（1）作为前台受理员，服务中，行为举止应做到自然、文雅、端庄、大方。不得浓妆艳抹，不得敞怀，将长裤卷起，不得戴墨镜。

（2）当为客户服务时，应礼貌、谦和、热情。接待客户时，应面带微笑、目光专注，做到来有迎声、去有送声。

（3）当客户的要求与政策、法律、法规及本企业制度相悖时，应向客户耐心解释，争取客户的理解，做到有理有节。

（4）为行动不便的客户提供服务时，应主动给予特别照顾和帮助。

（5）与客户交钱接物时，应唱收唱付，轻拿轻放，不抛不丢。

二、营业厅服务易出现的错误

（1）着装不规范。

（2）超时限办理业务。

（3）未按规定时间上下班。

（4）工作态度不好。

（5）分内工作推诿塞责。

（6）业务不娴熟。

（7）受理缺乏灵活性。

三、营业厅服务典型问题案例解析

案例 5-1　服务态度不好

××客户来电投诉，他在 2 月 27 日向××供电公司反映自家用电为什么不收电费问题后，2 月 28 日 9 时 50 分，他又拨打××县××供电公司电话，该工作人员回复说，"家里没有人，你还缴费，你钱多的"。营业厅用如此态度回答问题，该客户要求供电公司相关部门到现场核实处理并给其答复。

解析：营业员的语言是否文明、礼貌、得体，直接影响其自身和营业厅的形象。服务人员只有使用恰当的措辞，才能够提高客户的满意度，获得好的口碑，使公司赢得客户的赞誉。上述案例中，工作人员在没有及时回答客户提出疑问的同时，又用了不恰当的语言表述，导致了客户投诉。

案例 5-2　业务不娴熟

××客户来电反映，4 月 24 日 15 时 20 分，当他到××营业厅缴纳电费时，营销管理信息系统对其电费产生违约金 25.07 元，他询问原因，营业厅工作人员告知他缴费期限为 23 日（以前是 25 日），不知道为什么系统产生了违约金。为此，客户拨打了 95598 投诉。

解析：抄表时间规定："抄表例日确定后，抄表人员不得随意更改抄表时间。"《供电服务规范》第二十一条第五款规定："熟知本岗位的业务知识和相关技能，岗位操作规范、熟练，具有合格的专业技术水平。"上述案例中，该营业厅工作人员在业务不娴熟的同时，应变能力又弱，未及时对客户提出的疑问给予解答，从而导致了客户投诉。

案例 5-3　接电超时限

2014 年 5 月 30 日，××客户投诉，2014 年 4 月 4 日他到××营业厅办理临时用电业务，申请的供电方案 2014 年 4 月 8 日已审完毕，2014 年 5 月 29 日，他再次联系营业厅工作人员询问何时能装表接电，客服主任态度冷漠、不耐烦，至今表计也未安装。

解析：国家电网营销〔2014〕168 号文件《国家电网公司关于印发进一步简化业扩报装手续优化流程意见的通知》规定："低压居民客户，实行'当日受理、次日接电'服务，即受理申请当日录入营销业务应用系统，次日完成勘查和接电。低压非居民客户，实行'当日受理，7 个工作日接电'服务，即受理当日录入营销业务系统，次日进行现场勘查并答复方案，受理申请后 7 个工作日内完成装表接电，其中无外线工程的，受理后 3 个工作日内完成装表接电。"上述案例中，管理单位对客户的供电方案于 2014 年 4 月 8 日已审核，可到 5 月 30 日还未为客户装表接电，暴露出管理单位主动服务意识不强，从而引发了客户投诉。

案例 5-4　推诿塞责客户

2014 年 1 月，××县××客户拨打 95598 投诉××营业厅服务人员态度不好。他反映该营业厅服务人员回答他提出的问题只有三个字"不知道"。

解析：供电服务规范规定："真心实意为客户着想，尽量满足客户的合理要求。对客户的咨询、投诉等不推诿、不拒绝、不搪塞，及时、耐心、准确地给予解答。""十个不准"第五条规定："不准违反首问负责制，推诿、搪塞、怠慢客户。"上述案例暴露出管理单位服务客户主动服务意识不足，且用拒绝的态度对待客户提出的问题，应引以为戒。

案例 5-5　受理缺乏灵活

2015年3月2日，××居民到××供电所要求变更客户名称，客户拿出户口本，说其父亲已去世，想将户名更改为自己的名字，可是，这位客户的户口与其父亲不在一个户口本上，而他本人又无法证明两人系父子关系。××供电所营业厅工作人员要求该居民提供派出所证明，该居民嫌麻烦，要求更改为父亲户口本下孙子的名字，也就是他儿子的名字，可是，工作人员不同意，最后导致了客户投诉。

解析：业扩受理人员在执行相关规定时，一定要灵活掌握政策，在简化业扩手续提高办电效率、深化为民服务的大前提下，一定要从方便客户用电的角度出发。对该户要求的变更用电情况，业扩受理人员应主动核查该父亲户名下有无欠费，当客户不存在欠费，而其孙子又完全具备付费能力时，按照规定即可更名，从而避免投诉事件的发生。

案例 5-6　丢失客户资料

2015年7月3日，××客户来电反映，××营业厅××工作人员将其办理的更名、过户相关手续丢失。客户表示不满，希望尽快核实处理。

解析：业扩档案资料管理规范规定："业扩报装资料和客户户务档案是保证客户安全合理用电、准确及时回收电费的重要基础资料。业扩报装部门在接电后必须妥善保管，设专人负责避免丢失。"上述案例中，由于营业厅工作人员粗心大意造成资料丢失，导致客户投诉，所以，该公司应健全内控制度，加强对用电营销资料的管理力度。

案例 5-7　　未按规定时间上下班

××客户来电反映，2015 年 5 月 24 日 11 时左右，他到××供电所咨询用电业务，但供电所还未营业（供电所铭牌标明营业时间为 9 时至 17 时）。××客户认为××供电所未按规定时间营业，并表示不满，要求供电公司相关部门尽快核实处理并给出合理解释。

解析：供电所营业厅作为供电企业对外窗口服务部门，应按照营业时间准时上下班。上述案例中，该供电所在 11 时左右已无人值班，反映出该供电所下班存在早退问题。加强劳动纪律，规范上下班是该供电所亟待解决的问题。

案例 5-8　　违反受理作业规范规定

××客户来电反映，2015 年 5 月 20 日，他到××营业厅办理新装业务，提交的资料俱全，但该营业厅工作人员不予办理，并让他找负责该地点××市场的电工办理。该电工向客户收取材料费 3000 元。客户表示营业厅拒绝为其办理新装用电，认为其服务没有达到要求。客户表示不满，要求供电公司相关部门尽快核实处理并给出合理解释。

解析：业扩报装工作规范规定："受理客户用电申请时，应主动为客户提供用电咨询服务，接受并查验客户用电申请资料，审查合格后方可正式受理。对于资料欠缺或不完整的，营业受理人员应告知客户须先行补充完善相关资料后再报装"。上述案例中，××营业厅业务办理人员显然违背了业务受理作业规范规定。该供电单位应加强对营业厅人员的管理，建立考核机制，以确保优质服务持续开展。

第二节　现场抄表服务

一、现场抄表服务要点

（1）到达客户单位或居民小区时，应主动向有关人员出示证件，表明身份，说明来意。

（2）车辆进入客户单位或居民小区内，须减速慢行，注意停放位置，禁鸣喇叭。

（3）进入居民客户室内时，应先按门铃或轻轻敲门，主动出示证件，征得同意后，穿上鞋套方可进入。客户不让穿鞋套时，可向客户解释工作纪律，原则上必须穿，特殊情况下可按客户的意见办理。

（4）与客户交谈应使用文明用语，礼貌、得体；语调应温和、热情；吐字清晰、语速适中。

（5）如在工作中损坏了客户原有设施，应尽量恢复原状或等价赔偿。

（6）现场工作结束后，应立即清扫，不能留有废料和污迹，做到设备、场地清洁。

（7）原则上不在客户处住宿、就餐，如因特殊情况确需在客户处住宿、就餐的，应按价付费。

二、现场抄表服务易出现的错误

（1）服务意识不足。

（2）未按规定时间进行抄表。

（3）私自更改抄表指示数。

三、现场抄表服务典型问题案例解析

案例 5-9　未按抄表指示数核算电费

××居民客户，电费发票显示该客户 2014 年 2 月用电量 620kWh、3 月用电量 80kWh、4 月用电量 908kWh、5 月用电量 50kWh、6 月用电量 389kWh、7 月用电量 1200kWh，由于执行阶梯电价，该客户在 2014 年 7 月电费超高的情况下，拨打了 95598 投诉。经了解，缘由是抄表人员为了完成线损而私自更改了客户表计指示数。

解析： 电费管理规定："当客户每月电量波动超过 30％时，应进行电费原因核查。"上述案例中，管理单位抄表人员为了完成线损而私自更改表计指示数，是目前营销工作中普遍存在的问题，暴露出该供电公司管理粗放，电费核算过程操作不规范，缺乏相应的监管机制，加大了企业被投诉的风险。

案例 5-10　未按规定日期抄表

××居民客户，2014 年 3 月投诉××供电公司没有按时抄表。他向 95598 反映，他联系抄表人员，该工作人员告知他本月不需要缴纳电费，客户表示 3 月份他家中一直正常用电。客户表示不满，要求供电公司相关部门尽快核实处理并给出合理解释。

解析： 抄表管理规定："抄表员应按规定日期进行现场抄表。"随着用电信息采集系统的使用，目前电能表示数复核已成为抄表环节的重要工作。上述案例暴露出该供电公司抄表人员在工作中存在严重失误。

案例 5-11　电费票据指示数与电能表指示数不一致

××客户来电反映，2015 年 2 月 13 日，他到××营业厅缴纳电费时，电费票据显示抄表指示数为 3289。2015 年 2 月 14 日，他看到自家电能表实际指示数仅有 3205，客户怀疑有抄错表的情况，请有关部门尽快核实处理并给予回复。

解析： 抄表管理规定："抄表员应按规定日期进行现场抄表。"上述案例暴露出管理单位存在估抄计费问题，反映出抄表人员工作责任心不强，服务意识淡薄，规章制度执行不严格。

案例 5-12　未按规定日期抄表核算电费

××客户来电反映，他在××小区×号×单元 2402 居住，2015 年 8 月××供电公司打电话告诉他需要一次性补齐一年电费，由于电量累计产生高阶梯电价，客户表示非常不满，要求供电公司相关部门尽快核实处理并给出合理解释。

解析： 上述案例中，该公司每月未按抄表指示数当月进行电费核算，造成电量累计，产生高阶梯电价，暴露出管理单位营销管理不规范，抄表核算随意性大。

案例 5-13　违反首位责任制

××客户来电反映，他于 2015 年 8 月 16 日 13 时 30 分到××营业厅办理验表业务时，一名女性工作人员（没有戴工牌）拒绝受理客户诉求。她告知客户自行找电工处理，客户表示非常不满。客户同时反映，他家 2015 年 8 月电量 536kWh（电费 381.22 元）与历史数据 2015 年 7 月电量 379kWh（电费 182.73 元）比较，存在较大差异，客户表示家中并未增加大功率电器，也并非由于使用空调导致，请工作人员尽快核实处理并给出合理解释。

解析：供电服务规范规定："当为客户服务时，应礼貌、谦和、热情。"上述案例中，作为营业厅前台受理人员不是积极主动为客户服务，而是推诿塞责，导致了客户投诉。针对客户投诉的第二个问题，该营业厅相关人员应及时核对数据。该案例暴露出该营业厅相关服务人员服务意识不足，违反了供电服务规范规定。

案例 5-14　抄表日期不规范

××客户来电反映，他每月都抄录自家电能表指示数，抄表日期为每月 14 日。在这期间，该客户表示××供电公司抄表人员存在没有给其抄表的行为（经国家电网公司系统查询，2015年 1～3 月电量显示均为 0，但客户表示期间他使用过电），客户表示不满，要求供电公司相关部门尽快核实处理并给出合理解释。

解析：由于目前对居民客户执行阶梯电价，按照各省对居民阶梯电价核算办法，当客户累计电量超过规定额值时，超过部分的电量执行高电价。抄表管理规定："抄表员应按规定日期进行现场抄表。"上述案例暴露出该供电公司抄表管理服务意识不足，营销服务行为不规范。

案例 5-15　未按规定随意停电

××客户来电反映，他家中于 2015 年 4 月 12 日突然停电，他联系工作人员得知因为欠费停电，客户又联系负责该区域的抄表人员，被告知抄表人员为他垫付了 35 元的电费，需要客户交清此笔费用方能复电。客户表示非常不满，要求供电公司相关部门尽快核实处理并给出合理解释。

解析：《供电营业规则》第六十六条第二款规定："在发供电

系统正常情况下，供电企业应连续向客户供应电力。但是，有下列情形之一的，须经批准方可中止供电：拖欠电费经通知催交仍不交者。"第六十七条规定："除因故中止供电外，供电企业需对客户停止供电时，应按下列程序办理停电手续。1. 应将停电的客户、原因、时间报本单位负责人批准。批准权限和程序由省电网经营业制定。2. 在停电前三至七天内，将停电通知书送达客户，对重要客户的停电，应将停电通知书送同级电力管理部门。3. 在停电前 30 分钟，将停电时间通知客户一次，方可在通知规定时间实施电。"上述案例中，该供电单位没有按照相关规定办理相关手续，对客户实施了停电，从而导致客户投诉，暴露出该公司营销服务人员服务意识不足，执行规定不严密。

第三节　检查抢修服务

一、检查抢修服务要点

（1）到达现场时，应遵守客户内部有关规章制度，尊重客户的风俗习惯。

（2）如遇特殊情况无法按约定时间到达现场，应及时告知客户，说明原因，主动向客户致歉。

（3）到达客户单位或居民小区时，应主动向有关人员出示证件，表明身份，说明来意。

（4）车辆进入客户单位或居民小区内，须减速慢行，注意停放位置，禁鸣喇叭。

（5）与洽谈人、电气负责人见面时，须主动自我介绍并出示用电检查证。出示证件时，证件应正面朝向客户，用双手递送并告知"这是我的证件"。

（6）如客户不在或配电房无人时，可电话联系客户或请保安呼叫。

（7）如客户拒绝接受检查，应耐心向客户解释用电检查的重要性，以及相关法规要求，如客户仍不接受检查，可以找客户负责人协调并向领导汇报。

二、检查抢修服务易出现的错误

（1）现场替代客户进行设备操作。

（2）与客户发生争执。

三、检查抢修服务典型问题案例解析

案例 5-16　与客户发生争执

2014 年 4 月 10 日，××客户来电反映××供电公司抄表人员兼维修人员××到他家中核查窃电情况时，与其妻子发生了口角，且殴打了他的妻子，并于当日掐断了他家的电源。客户还表示近五六年这名工作人员在该村每次维修线路时，都会找维修的客户要 100 元的维修费用，客户要求相关部门尽快核实处理并给出合理解释。

解析： 用电检查是电力企业为了保障正常的供用电秩序和公共安全而从事的检查、监督，指导、帮助客户进行安全、经济、合理用电。上述案例中，该供电公司用电检查人员在检查过程中与客户发生争执，并产生了肢体上的冲突，暴露出该公司服务规范落实不到位，而后续的安抚工作又缺乏，使事件进一步恶化，导致了客户投诉。

案例 5-17　未按承诺时限抢修

××客户来电反映，8 月 12 日 17 时，他拨打 95598 报修电话，告知维修地点为××省××市××区××西街××路××巷 19 号。

而到 8 月 14 日 15 点，也没有抢修人员到达现场或与其联系，存在超出承诺时限 45 分钟内到达现场的情况。客户对此不满，要求供电公司相关部门尽快核实处理并给出合理解释。

解析：供电服务承诺规定："达到抢修地点，城区 45 分钟，边远山区 2 小时。"上述案例中，该客户在城区，按照承诺时限，抢修人员应在 45 分钟内到达抢修地点。暴露出该供电公司抢修人员服务意识不足，营销服务不规范。

案例 5-18 私自转供电

2015 年 6 月 28 日××客户向××供电公司举报××村存在养殖场用电私自转供某施工工地用电的情况，且××村从 2015 年 4 月下旬开始未经审批使用农业灌溉用电，存在违约用电的行为，请尽快核实处理。

解析：该案例现场核实后，发现××村确实存在私自转供电情况。上述举报案例暴露出该供电公司用电检查工作不到位，但同时说明客户依法用电意识正在增强。

案例 5-19 举报窃电行为

××客户向××供电公司来电举报，××省××市××区××街××站绕越用电计量装置用电，存在窃电行为，客户表示该地点现为幼儿园，窃电行为存在至少 3 年，要求查实。

解析：用电检查人员通过客户举报，现场核查发现××站确有一根电缆没有通过计费表计供幼儿园小游泳池用电，属于窃电行为。用电检查人员现场拆除了窃电电缆，并按照《供电营业规则》追补电费 3343.94 元，收取违约使用电费 10 031.82 元，合计收取了 13 375.76 元。上述举报案例说明用电检查人员没有按时履行用电检查义务，导致该户窃电 3 年都没有发现。所以，加强用电检查工作，提高用电检查人员业务素质，加强电力法规宣传，提高客户依法用电意识是该供电公司当务之急。

第四节　装表接电服务

一、装表接电服务要点

（1）工具和材料摆放有序，严禁乱堆乱放。

（2）检查安全措施。在公共场所作业，还应悬挂作业单位标志及安全标志。

（3）按用电工作传票内容核对现场信息。如需停电作业，应告知客户停电时间、范围，并让客户电工进行操作。

（4）如客户拒绝配合相关作业，装表接电人员应做好解释工作，不得与客户争吵，妥善处理。

（5）在作业过程中，若客户询问相关的用电问题，应耐心细致地回答。

（6）如客户有其他服务问题，应引导或联系相关部门解决，并进行督促跟踪至客户的问题处理完毕。

（7）如在工作中损坏了客户原有设施，应尽量修复或等价赔偿。

（8）如需借用客户物品，应先征得客户同意，用完后应先清洁再轻轻放回原处，并向客户致谢。

二、装表接电服务易出现的错误

（1）未按规定时限装表导致客户投诉。

（2）违规装表接电。

（3）接错线。

三、装表接电服务典型问题案例解析

案例 5-20　未按规定时限装表接电

客户××来电投诉，2013 年 6 月，他到××营业厅申请新装三相电能表，并于 2013 年 7 月缴纳 1000 元装表费用，可是至今××营业厅也没有派人给他安装电能表，他要求供电公司相关部门尽快核实处理并给出合理解释。

解析：《供电监管办法》第十一条规定："给客户装表接电的期限，自受电装置检验合格并办结相关手续之日起，居民客户不超过 3 个工作日，其他低压供电客户不超过 5 个工作日，高压供电客户不超过 7 个工作日。"供电服务"十项承诺"第六条规定："受电工程检验合格并办结相关手续后，居民客户 3 个工作日内送电，非居民客户 5 个工作日内送电"。供电服务质量标准 6.4 条规定："城乡居民客户向供电企业申请用电，受电装置检验合格并办理相关手续后，3 个工作日内送电。非居民客户向供电企业申请用电，受电工程验收合格并办理相关手续后，5 个工作日内送电。"上述案例暴露出管理单位装表接电人员工作责任心不强，服务意识淡薄，没有按承诺时限完成装表工作，同时反映出业扩报装流程各环节时限机制不健全。

案例 5-21　违规装表私自收费

××客户来电反映，负责此地点××省××市××县××乡××庄××村西××供电所工作人员（男性，客户无法提供姓名）在 2012 年受理新装用电业务时存在违规行为。客户表示当年他缴纳新装用电费用后，该供电所工作人员未向他提供户号、购电证等手续，导致目前供电公司在户表轮换改造中他家因无户号无法给其更换电能表，客户对此表示不满，要求供电公司尽快核实处理。

解析： 受理业务作业规范规定："受理客户用电申请后，应在一个工作日内将相关资料转至下一个流程相关部门。"电费核算管理规定："确认抄表器及自动抄表的抄表数据和现场抄表单，进行电费核算。"上述案例中，××供电所工作人员私自装表收费，造成客户由于黑户在户表轮换改造中无法换表，暴露出管理单位用电管理不规范，存在营私舞弊的嫌疑。

案例 5-22 未按承诺时限办理业务

××客户反映，其在 2014 年向负责××村××供电所的工作人员提出办理居民新装业务申请（申请编号不详），可是至今一直无人上门安装。就以上问题，客户要求尽快核实处理。

解析： 该案例暴露出××供电所工作人员服务意识不强，工作缺乏主动性。当客户提出新装用电时，只是简单告知客户报装应提供的手续，但在客户长时间未提交报装资料时也未及时询问客户情况。同时，反映出管理单位台区管理人员未与客户建立良好的沟通机制，在客户遇有供电方面的问题时，不是第一时间找电工解决，而是向上级反映，说明平时沟通不到位，沟通不及时。

案例 5-23 错接线导致投诉

××客户来电反映，负责××省××市××区××街道××街××社区××家属院××号楼××单元××楼的××供电公司工作人员在 4 月 15 日安装电能表时，将他家的表计线路和邻居线路接错（将邻居家电能表闸拉下，自己家停电）。客户表示非常不满，要求供电公司尽快核实处理并给出合理解释。

解析： 上述案例暴露出该供电公司营销人员技术欠缺，为此，该公司应积极加强营销人员业务技能培训，提高营销人员业务素质和技能。

第五节　收费服务

一、收费服务要点

（1）收费员职业装要穿出专业形象。

（2）及时回访客户，尽量为每个客户提供有针对性的个别服务。

（3）收取客户电费时不超过5分钟。

（4）接收票据应站立，双手接送，应礼貌、谦和、热情，接待客户时，应面带微笑，目光专注，做到来有迎声，去有送声。

二、收费服务易出现的错误

（1）设备事故导致客户无法缴费。

（2）收费过程中推诿、塞责、怠慢客户。

三、收费服务典型问题案例解析

案例5-24　自助终端缴费机出问题

××客户来电反映，他在××省××市××供电营业厅自助缴费终端上缴纳了100元的现金，但是缴纳费用后，自助终端缴费机上并没有显示其缴费成功提示，并且现金缴费入口处有红灯在亮，自助缴费终端机不能正常使用，请供电公司相关部门尽快核实并给予答复。

解析：该案例暴露出管理单位自助缴费机存在缺陷却没有及时修复，加上告知力度不够，导致客户缴纳电费后发现问题而投诉。所以，该管理单位应以此事件为契机，积极采取措施，整改自助缴费终端存在的缺陷，避免因技术问题而遭到客户投诉。

案例 5-25　未及时更改联系方式

××客户来电反映，2015 年 3 月 21 日，他收到××供电公司欠费短信。短信内容显示的不是他的电费信息。客户认为电力短信存在发送错误的情况，请供电公司相关部门尽快核实并给予答复。

解析： 上述案例经核实是客户在申请用电时留下的联系方式，后来因为客户已停用此电话号码，但收费员未及时根据业扩人员接到的信息更改客户联系方式，造成信息发送错误。该案例暴露出管理单位营销服务人员意识不足，工作中不能很好地衔接，管理中未形成合力。

案例 5-26　电费票据信息不全

××客户来电反映，2015 年 3 月，××供电公司给他的电费发票上未显示本月电能表指示数，他表示不理解，请供电公司相关部门尽快核实并给予答复。

解析： 电费发票作为客户电费收取依据，其票面信息应与客户电能表信息保持一致。上述案例经过核实，由于客户在××供电所使用 POS 机刷卡出具的票据，而 POS 机只显示金额，无电费明细。该案例反映出该公司服务宣传不够，POS 机的技术还有待升级。

案例 5-27　网络故障无法缴费

××客户来电反映，××供电营业厅缴费机连不上网，导致他在××营业厅停留 2 个小时不能缴费，请供电公司相关部门尽快核实并给予答复。

解析： 营业场所服务规范规定："因计算机系统出现故障而

影响业务办理时，若短时间内可以恢复，应请客户稍后并致歉。若需较长时间才能恢复，除向客户说明情况并道歉外，应请客户留下联系电话，以便另约服务时间。"上述案例暴露出该供电营业厅服务不规范，在客户等待期间未及时将网络故障告知客户，而必要的沟通又不及时，导致客户投诉。

案例 5-28　对客户咨询塞责

××客户来电反映，2015 年 2 月 14 日 15 时，他到××省××市××供电所查询自家的缴费户号，当到达营业厅后，营业厅人员告知他不能够查询客户编号，让他回去自行寻找以前的缴费发票，客户对此表示不满，要求供电公司相关部门尽快核实处理并尽快给出合理解释。

解析： 供电服务规范规定："真心实意为客户着想，尽量满足客户的合理要求，对客户的咨询、投诉等不推诿、不拒绝，不搪塞，及时、耐心、准确地给予解答。"上述案例暴露出供电公司服务意识差，服务不规范，缺乏必要的沟通技巧。

案例 5-29　未及时更改错缴费信息

××客户来电反映，2015 年 1 月 19 日，他在××供电所缴纳电费时，该供电所的工作人员（具体人员不详）在未要求客户提供户号的情况下，通过客户名字便为客户办理了电费缴费业务，造成电费收取差错（将 200 元钱缴纳到户号为×××××××2 的旧电能表中，而非客户要求的户号为×××××××1 的新电能表中），客户称其家中有两块电能表，旧电能表目前已经不再使用，同时称，他曾向当地的供电所反映过此情况，工作人员虽承诺把交错的 200 元电费转到新电能表内，但是至今没有转入新电能表。客户表示不满，要求供电公司相关部门尽快核实处理并给出合理解释。

解析：上述案例暴露出该供电所收费人员业务能力差，不熟悉各种业务的办理和引导。同时反映出管理单位工作人员服务意识淡薄，未重视客户的诉求，未积极想办法为客户办理，而是搪塞拖延，最后导致客户投诉。

案例 5-30　拒收现金缴费

××客户反映，2015 年 5 月 26 日 10 时 50 分左右，他去××省××县××营业厅缴纳电费时，工作人员不接受现金缴费，并且告知客户到对面电费代收点去缴费，客户对此表示不认可，要求相关工作人员尽快核实并给予解释。

解析：上述案例中，管理单位工作人员在处理收费的过程中不是积极、热情、认真地进行处理，而是在拒收电费的同时，将客户支出营业厅，从而暴露出该供电所服务意识不强，收费管理不规范，内部存在推诿、塞责或敷衍了事的问题。

案例 5-31　未约定收取电费保证金

××客户来电举报，2009 年他与××供电公司签订购电合同时，合同中并未明确电费保证金。2015 年 6 月 28 日，××供电公司工作人员致电告知他需要交纳 20000 元保证金，如不缴纳便会停电。客户认为存在乱收费行为，要求供电公司相关部门尽快查实处理。

解析：供用电合同是供电企业根据客户的需要和电网的可供能力，在遵守国家法律、行政法规，符合国家供用电政策和计划要求的基础上与客户签订的，明确双方在供用电上权利和义务的协议。合同一旦签订后就具有法律效力。合同中未明确的项目，该供电公司以停电要挟该客户缴纳电费保证金，暴露出该公司收费方式强硬，仍存在垄断意识。

第六章

营销其他业务工作要点及案例解析

第一节 临 时 用 电

一、临时用电要点

（1）对基建工地、农田水利、市政建设等非永久性用电可供给临时电源。例如，市政建设的公路、桥梁、水道修建、煤气管道安装与检修、临时打井抗旱、防风排涝，农业的季节性打场、脱粒、临时用电焊、电影拍摄、露天文艺演出、城市庆祝集会、临时交通事故处理、短期小型集贸市场等可以办理临时用电。

（2）临时用电期限一般不超过 6 个月，逾期需在前 10 个工作日到供电营业场所办理延期用电手续，但最长不得超过 3 年。节日彩灯、拍摄电视、电影等的临时用电一般不超过 15 天。逾期不办理延期或永久性正式用电手续的，供电企业应终止供电。

（3）临时用电不得转供或转让其他客户，基建工地的临时用电不得用于生产、试生产或生活照明用电。

（4）临时用电的客户，应装设电能计费表计。凡公共集会、节日彩灯、拍摄电视电影等的临时性用电一般不超过 15 天。抢险救灾等临时用电，可不安装用电计量装置，按其装接容量、使用时间、规定的电价计收电费。凡候车亭、阅报栏、标准钟、广告牌等单体容量在 2kW 及以下且不具备装表条件的客户，以及交警部门的交通灯、指示灯等，可按其装接容量、使用时间、规定的电价计收电费。

（5）临时用电客户必须签订临时供用电合同。

（6）对临时用电户征收临时接电费，收费标准见表 6-1（山西省）。

表 6-1 临时接电费收费标准（山西省）

受电电压等级（kV）	临时接电费（元/kVA）
0.38/0.22	260
10	210
35	160
110	80
220	60

二、临时用电易出现的错误

（1）未按规定标准收取临时接电费。

（2）临时计费表计不进入营销管理信息系统计费。

（3）用临时用电户的电量填补线损率指标。

（4）临时用电户进入营销管理信息系统与现场用电不符。

三、临时用电典型问题案例解析

案例 6-1 未收取临时接电费

××煤焦有限公司，营销管理信息系统反映该客户于 2006 年 7 月 27 日立户，为临时装表用电户，执行 35～110kV 一般工商业电价，合同约定容量为 3200kVA，倍率为 14 000，高供高计，缴费信息一栏反映未收取临时接电费。

解析： 临时用电管理规定："对临时用电户应征收临时接电费，以山西省标准为例，受电电压等级 35kV，每千伏安 160 元。"上述案例中，临时用电户的容量为 3200kVA，即应收

3200×160＝512 000 元。应收而未收暴露出该供电公司在临时接电费管理内部监管缺失，有关人员依法经营意识淡薄，违反了国家法律法规。

案例 6-2 台账与营销管理信息系统容易不符

××供电所，临时用电台账显示××居民客户申请临时用电，核查档案，未签订临时供用电合同。设备清单显示该客户用电容量为 4kW，营销管理信息系统显示该客户用电容量为 5kW，且两者户名不一致，业务费信息一栏显示，未收取临时接电费。

解析： 临时用电管理规定："临时用电客户必须签订临时供用电合同，按照用电容量，对照临时接电费标准，征收临时接电费，且台账的临时用电信息应与营销管理信息系统保持一致。"上述案例中，该客户临时用电信息与营销管理信息系统的所有信息都不相符，暴露出该供电所在临时接电费收取上随意性大，不按规定执行。

案例 6-3 台账与营销管理信息系统时间不符

××供电所，临时用电台账显示××居民客户申请临时用电日期为 2013 年 1 月 2 日，营销管理信息系统显示为 2014 年 6 月 4 日。

解析： 业扩报装业务受理规定："当受理客户用电申请时，业务人员应同时将用电信息及时准确输入营销管理信息系统。"上述案例中，用电台账上客户的用电时间与营销管理信息系统的用电时间不一致，暴露出该供电所不能按规定有效执行，从而给企业收益造成了一定的损失。

案例 6-4 临时用电户不计费

××供电所，营销管理信息系统显示装表临时户为 10 户，档案信息一栏显示从装设之日起，10 个客户的电费电量每月均为 0。

解析：《供电营业规则》第八十二条规定："供电企业应当按国家批准的电价，依据用电计量装置的记录计算电费，按期向客户收取或通知客户交纳电费。"上述案例中，10 户临时用电户，装表却未按规定及时抄表计费，给企业造成了一定的经济损失，暴露出相关人员执行规定不力，而使企业蒙受损失。

案例 6-5　未按规定标准收取预收电费

××供电所，临时用电台账显示××客户建房，设备容量为 5kW，临时用电时间为 3 个月，预收电费 2000 元。用电台账同时反映××客户建房，设备容量为 5kW，临时用电时间为 3 个月，预收电费 50 元。

解析：《供电营业规则》第八十七条规定："临时用电客户未装用电计量装置的，供电企业应根据其用电容量，按双方约定的每月使用时数和使用期限预收全部电费。"上述案例根据客户用电容量和用电时间应预收电费 $5 \times 3 \times 300 \times 0.76 = 3420$ 元，而案例中对相同容量，相同用电时间的临时用电户，预收电费相差达 1950 元。该供电所不按规定收取预付费，暴露出该供电所在临时接电费的收取上随意性大。

案例 6-6　户名错误

××供电所，临时用电台账显示临时用电户共计 20 家，营销管理信息系统中未有 20 家的户名，经了解这些客户在营销管理信息系统中的户名为"临时用电户"，共计 15 家。

解析：业扩报装业务受理规定："受理客户用电申请时，申请受理人必须认真查验客户提供的各类证明材料。材料齐全的，应及时受理并同步录入营销管理信息系统，客户申请名称应与营销管理信息系统保持一致"。上述案例中，该供电所共 20 家临时用电户，而营销管理信息系统中计费的仅有 15 家，且户名不符。该案例暴露出该供电所临时接电费管理漏洞大，存在营私舞弊的嫌疑。

案例 6-7　不计费

××居民客户基建施工办理临时用电，负荷为 4.5kW，营销管理信息系统中无该客户名称，现场落实，该客户以 3 块单相表计量。

解析：《供电营业规则》第八十二条规定："供电企业应当按国家批准的电价，依据用电计量装置的记录计算电费，按期向客户收取或通知客户交纳电费。"上述案例中，装表客户却不进入营销管理信息系统计费，给企业造成了电费流失，暴露出该供电公司存在营私舞弊的嫌疑，临时用电管理缺乏有效监督机制。

案例 6-8　电价执行错误

××居民，申请办理基建临时用电，于 2015 年 2 月 17 日装设智能表，营销管理信息系统中显示该客户执行的电价类别为不满 1kV 居民阶梯电价。

解析：根据电价执行范围规定：临时用电户应根据用电性质执行相应电价类别。上述案例中临时用电户根据用电性质，应执行的电价类别为一般工商业电价。该案例暴露出供电公司内控机制不健全，电价执行随意性大。

案例 6-9　未按规定标准收取临时接电费

××工程管理局，2012 年 2 月申请办理临时用电，受电变压器总容量为 3150kVA，电压等级 10kV，临时接电费应收66.15 万元，电费账务反映××供电公司以预收电费形式收取 16万元，少计 50.15 万元。

解析：临时用电管理规定："临时用电客户必须签订临时供用电合同，按照用电容量，对应临时接电费标准，征收临时接电费。"上述案例中，应收取临时接电费 3150×210＝661 500 元，实际收取 160 000，少收取 661 500－160 000＝501 500 元。

第二节　高可靠性费

一、高可靠性费要点

（1）对申请新装及增加用电容量的两路及以上多回路供电（含备用电源、保安电源）用电户，除供电容量最大的供电回路外，对其余供电回路可适当收取高可靠性费用。

（2）收取标准见表 6-2（山西省）。

表 6-2　　　　　　　高可靠性费收取标准（山西省）

客户受电电压等级 （kV）	客户应交纳的高可靠性供电费用 （元/kVA）
0.38/0.22	260
10	210
35	160
63	105
110	80
220	60

（3）电缆线路的收费标准不得超过架空线路标准的 1.5 倍。

二、高可靠性费易出现的错误

（1）未按规定标准收取高可靠性费。

（2）无依据减免高可靠性费。

三、高可靠性费典型问题案例解析

案例 6-10　未按规定收取高可靠性费

××煤焦有限责任公司，2009 年 12 月 28 日××供电公司客服中心受理客户申请双电源，其中，备用容量为 5050kVA。营销管理信息系统显示该户分别由××站 3×57 与××站 3×26 四条线路供电，业务收费一栏未见到收取高可靠费 808 000 元。

解析：高可靠性费收取规定："对申请新装及增加用电容量的两路及以上多回路供电（含备用电源、保安电源）用电户，除供电容量最大的供电回路外，对其余供电回路可适当收取高可靠性费用。"根据规定，应收取高可靠性费用 5050×160＝808 000 元。上述案例，××供电公司客服中心未按规定收取客户高可靠性费暴露出相关人员执行规定不力，而使企业蒙受损失。

案例 6-11　少计收高可靠性费

××公司系 2015 年 2 月新装客户，该户分别由××站 386 与××站 533 线路供电，备用容量为 2000kVA，电压等级 10kV，应收高可靠性费 42 万元，电费账务显示以预收电费形式收取 20 万元，少计收 22 万元。

解析：高可靠性费用收取规定："对申请新装及增加用电容量的两路及以上多回路供电（含备用电源、保安电源）用电户，除供电容量最大的供电回路外，对其余供电回路可适当收取高可靠性费用。"根据要求，该案例应收取高可靠性费用 2000×210＝420 000 元。上述案例中，实际只收取 200 000 元，少收取

220 000元。少计高可靠性费在给企业带来损失的同时，存在营私舞弊嫌疑。

第三节　自　备　电　厂

一、自备电厂管理要点

（1）检查自备电厂每路电源用电负荷情况。

（2）检查自备电厂有无对外转供电情况。

（3）检查自备电厂机组并网与电力供应协议履行情况。

（4）关注自备电厂最大需量、电量、负荷、热电比、热效率、厂用电率等指标。

（5）检查自备电厂安全管理制度、技术规程规范和反事故措施等。

（6）检查自备电厂励磁系统、调速系统、继电保护、安全自动装置、自动化设备和通信设备参数是否符合要求。

（7）检查自备电厂是否足额向电网企业缴纳系统备用费、重大水利工程建设基金、农网还贷资金、可再生能源附加、大中型水库移民后期扶持基金等。

（8）检查自备发电机组及其系统是否进行预防性试验，以及预防性试验是否合格。

二、自备电厂易出现的错误

（1）自备电厂将自发自用电力向厂区外供电。

（2）自备电厂手续不全。

（3）批复的容量与实际运行容量不符。

（4）私自并网发电。

三、自备电厂典型问题案例解析

案例 6-12 立项户名与结算户名不符

××经贸发〔2003〕2号文件批复××星化工有限公司新建两台3MW发电机组，而营销管理信息系统显示的是××大化工有限责任公司，立户户名与结算户名不符。

解析： 立项文件是项目建设依据，其法人代表、营业执照都应与批复文件下发的单位名称一致，也就是文件批复单位就是实际建设单位。上述案例中，××大化工有限责任公司借用××星化工有限公司进行发电机组建设，暴露出该公司内控机制不健全，存在营私舞弊嫌疑，同时也给供电企业安全管理带来了风险。

案例 6-13 批复容量不符

××煤焦集团有限公司，××省发展和改革委员会立项批复该公司机组容量为6×2000kW＋1×3000kW焦炉煤气发电项目（××发改能源发〔200×〕7×2号）。而××市人民政府立项批复机组容量为8×2000kW煤气发电机组项目建设用地（×政占土字〔200×〕1×号），两者对同一项目批复容量不同。

解析： 新装、增容用电管理标准规定："报经省公司计划部门核准的电源方案、相关内容以省公司批复文件为准。"也就是同一项目立项批复的容量在原则上应该保持一致。上述案例中，该省发展和改革委员会批复的机组容量与台数，与该市级政府批复的容量和台数不一致，作为执行部门的电力公司在立项批复文件不一致的情况下却为其装表接电，暴露出该单位业扩管理工作粗放，依法经营意识淡薄，忽视相关法律法规，致使电力企业在经营过程中存在风险和隐患。

案例 6-14　审批手续不完善

××实业有限公司，立项文件批复该客户 1 号发电机组发电燃料为煤矸石，现场检查发现 1 号发电机组使用的发电燃料为煤气。

解析：新装、增容用电管理标准规定："报经省公司计划部门核准的电源方案、相关内容以省公司批复文件为准。"也就是自备发电机组的建立以相关职能部门批复的立项文件作为机组建设依据。上述案例中，该客户在没有相关手续的情况下，私自更改机组结构，不仅给后续计费带来了问题，同时也给电网安全管理带来了隐患。

案例 6-15　未经批复私自并网

××焦化有限公司，××电力监管办公室文件显示该客户自备发电容量为 1×12 000kW（××监许可发〔201×〕0×1 号），××供电公司文件（××电计字〔200×〕10×号）反映该客户正式并网发电容量为 1×12 000kW，现场核实发电机组容量为 3×120 00kW。

解析：上述案例中，××电力监管办公室与××供电公司，两者在文件批复容量上虽然一致，但实际运行的发电机组多了两台，实际运行机组容量超过批复 24 000kW。该案例暴露出管理单位对自备电厂发电机组手续不全管理监管不严，同时反映出该公司制度执行不够严肃，合规经营意识有待增强。

案例 6-16　多计自发自用电量

1. ××焦化有限公司，工程质量监督检查通知单反映该客户发电机组容量为 1×12 000kW，为煤矸石发电。营销管理信息系统按煤气发电的 11% 进行自发自用电量核减，多计自发自用电量 205.15 万 kWh。

2. ××实业有限公司，立项文件批复该客户 1 号机组煤矸石发电，营销管理信息系统按煤气发电的 11% 进行自发自用电量核减，多计自发自用电量 129.95 万 kWh。

解析：根据自备电厂各项电量的核算办法，厂用电量根据发电用材不同，按照不同用电比例核减，即厂用电量＝发电量×9%（煤矸石发电）或厂用电量＝发电量×11%（煤气发电）。上述案例显然违背了自备电厂核算要求，暴露出该公司内控机制不健全，由于存在可操作的空间，加之没有有效的监管机制，使自发自用电量数据不真实，导致少计系统备用费。

案例 6-17　自备发电机组无铭牌

×××化工有限公司，现场核实该客户发电机组容量时，发现两台 30 000kW 发电机组无铭牌。

解析：发电机组铭牌上的数值表明该发电机组的生产厂家、型号及规格，其信息与立项时批复文件上的信息应一致。上述案例中该客户自备发电机组无铭牌，造成信息无法核对暴露出管理部门对自备电厂监管不严，没有很好地履行检查义务。

案例 6-18　用电容量不一致

××化工有限公司（自备电厂），供用电合同反映该客户用电容量为 4838kVA，营销管理信息系统反映该客户用电容量为 5345kVA，两者不一致。

解析：供用电合同作为明确供用电双方权利和义务的法律文书，对于规范电网经营企业核心业务，保障电网安全，降低经营风险，提高服务质量和企业竞争，具有十分重要的意义。上述案例中，供用电合同容量与营销管理信息系统计费容量不一致，一方面反映出该客户可能存在违约用电问题，另一方面也反映出管理单位在供用电合同管理上风险防范意识不足,内部监管缺失。

案例 6-19　主供电源编号不符

　　××煤焦集团有限公司,供用电合同反映该客户主供电源由 35kV××站 4×6 出线供电,营销管理信息系统显示该客户主供电源为 35kV××线 3×5 出线,两者电源信息不符。

　　解析:《电力供应与使用条例》第六章第三十四条规定:"供电企业应当按照合同约定的数量、质量、时间、方式,合理调度和安全供电。"上述案例中,供用电合同与营销管理信息系统主供电源信息不一致,反映出相关责任人责任心不强,业扩、核算部门之间的工作不能有效衔接,没有形成相互复审机制,导致线路编号信息错误也未能及时发现。

案例 6-20　供用电合同与营销管理信息系统电价不一致

　　××发电有限责任公司,供用电合同反映该户执行的电价类别为一般工商业电价,营销管理信息系统反映该客户的电价类别为一般大工业电价。

　　解析:供用电合同作为电力营销人员计费、建立客户档案的原始依据,合同变更第五条规定:"电费计算方式、交付方式变更时,应按照规定程序变更合同。"当合同约定的计费方式发生改变时,供用电合同却未及时进行变更,导致供用电合同执行的电价类别与营销管理信息系统电价类别不一致。该案例暴露出管理单位在供用电合同管理上风险防范意识不足,内部监管缺失。

案例 6-21　非居民电量定量无依据

　　××煤焦集团有限公司,供用电合同未约定非居民电量,营销管理信息系统显示该客户非居民电量每月定量 50 000kWh。

解析： 供用电合同作为供用电双方共同约定的条款，具有约束性和执行上的严肃性。上述案例中，营销管理信息系统的计费信息与供用电合同计费约定值不同，暴露出管理单位业扩管理人员责任心不强，该情况可能会使企业面临服务投诉等一系列风险。

案例 6-22　工单信息填写不全

××化工有限公司、××有限责任公司、××煤焦集团有限公司，变更用电申请表中受理日期、业务受理人、电费审核栏均为空白，用电工作传票中报装、电费等相关栏目均为空白。

解析： 用电工作传票是电费管理部门传递工作信息和命令的凭证，是各工序之间进行工作联系的工具，是一种用电户申办用电和为之承办的项目，所以，用电工作传票的内容要清楚正确，户名、地址、工作种别、用电类别、用电设备的容量和数量、电能计量装置装出指示数、电能计量装置拆回指示数、电价等信息都要详细记录。上述案例中，用电工作传票、变更用电申请表上各种信息都不全，暴露出管理单位在资料管理上风险防范意识不足，内部监管缺失。

案例 6-23　纸质用电工作传票类别与实际流程不符

1. ××煤焦集团有限公司，2014 年 4 月纸质用电工作传票反映该客户工作种别为暂停，后附换表五连单，实际工作种别为表计轮换。

2. ××化工有限责任公司，2013 年 5 月纸质用电工作传票反映业务类型为增容，实际工作种别为暂停 355kW 高压电动机。

解析： 核算管理规定："电费核算人员在接到用电工作传票后，应先弄清用电工作传票的具体内容，附件是否完整，审核、辨别用电工作传票的记载内容、处理意见或处理结果是否有差错，然后再在电费核算卡上登记变更内容和用电工作传票的编号、日期，并签章。"上述案例中，用电工作传票所反映的信息错误，核算人员仍依据其计费，暴露出管理单位业扩报装管理工作不严密，相关人员合规经营意识淡薄，营销工作又缺乏监管机制，这些问题都为计费留下了漏洞和隐患。

案例 6-24 发电许可证及并网协议不齐全

××有限公司1号和2号机组、××股份有限公司1号机组、××有限责任公司2号机组私自并网发电。其中，××有限公司有发电许可证，无并网协议，××股份有限公司、××有限责任公司无发电许可证和并网协议，具体情况见表6-3。

表6-3　　　　　　　发电机组手续不全情况

户名	机组	运行情况	发电许可证	并网协议
××有限公司	1号，3MW	运行	有	无
	2号，3MW	运行	有	无
××股份有限公司	1号，6MW	运行	无	无
××有限责任公司	2号，3MW	运行	无	无

解析： 根据自备应急发电设备安全管理规定："为保证供电设施及人身安全，确保电网安全、经济、可靠运行，维护供用电双方合法权益，自备电厂客户到电力公司申请，取得发电许可证和并网协议方可运行。"上述案例中，四家客户在发电许可证及并网协议不齐全的情况下仍能运行，暴露出管理单位管理不严密，用电检查不到位，给供电企业安全管理埋下了隐患。